中华医学健康科普工程
突发应急事件公众心理应对指南系列丛书

突发应急事件大学生心理问题识别及应对

王长虹　高　昶　丛书主编

潘　苗　高　昶　张三强　主　编

中华医学会科学普及部
中华医学会行为医学分会
中华医学会精神医学分会
中国医师协会精神科医师分会
组织编写

中華醫學電子音像出版社
CHINESE MEDICAL MULTIMEDIA PRESS
北　京

图书在版编目（CIP）数据

突发应急事件大学生心理问题识别及应对 / 潘苗，高昶，张三强主编．—北京：中华医学电子音像出版社，2021.1

（突发应急事件公众心理应对指南系列丛书 / 王长虹，高昶主编）

ISBN 978-7-83005-336-9

Ⅰ．①突…　Ⅱ．①潘…②高…③张…　Ⅲ．①突发事件 - 紧急事件 - 大学生 - 心理影响 - 研究　Ⅳ．①B844.2

中国版本图书馆 CIP 数据核字（2020）第 258603 号

突发应急事件大学生心理问题识别及应对

TUFA YINGJI SHIJIAN DAXUESHENG XINLI WENTI SHIBIE JI YINGDUI

主　　编：潘　苗　高　昶　张三强

策划编辑：裴　燕

责任编辑：宫宇婷　周寇扣

校　　对：张　娟

责任印刷：李振坤

出版发行：中华医学电子音像出版社

通信地址：北京市西城区东河沿街 69 号中华医学会 610 室

邮　　编：100052

E - mail：cma-cmc@cma.org.cn

购书热线：010-51322677

经　　销：新华书店

印　　制：北京云浩印刷有限责任公司

开　　本：880 mm×1230 mm　1/32

印　　张：5.625

字　　数：10.1 千字

版　　次：2021 年 1 月第 1 版　　2021 年 1 月第 1 次印刷

定　　价：30.00 元

内容简介

本书为《突发应急事件公众心理应对指南系列丛书》之一，由中华医学会科学普及部、中华医学会行为医学分会、中华医学会精神医学分会和中国医师协会精神科医师分会组织相关专家编写而成，内容包括大学生的心理特征、突发应急事件下大学生心理问题的识别及评估、大学生群体心理状态在线调查、临床病例及分析、突发应急事件大学生常见心理问题的应对策略及技术、COVID-19疫情期间如何远离心理障碍，以及复学后大学生常见问题及应对策略。本书旨在帮助应急事件下大学生群体缓解心理压力、调控情绪、维护心理健康、提高学习效率、坚定生活信心，具有科学性、实用性和指导性，适合大学生群体及公众阅读。

《突发应急事件公众心理应对指南系列丛书》编写委员会

组织编写

中华医学会科学普及部
中华医学会行为医学分会
中华医学会精神医学分会
中国医师协会精神科医师分会

指导委员会

主 任 委 员 陆　林

副主任委员 姜永茂　唐　芹　李凌江　王高华　郝　伟　徐一峰　李　涛　季建林　白　波

委　　　员 陆　林　姜永茂　唐　芹　李凌江　王高华　郝　伟　徐一峰　李　涛　季建林　白　波　魏　镜　杨艳杰　于　欣　方贻儒　时　杰　唐向东　贾福军　况　利　杜亚松　杨甫德　李春波　岳伟华　苏林雁　刘铁桥

《突发应急事件大学生心理问题识别及应对》编写委员会

主　审　王长虹

主　编　潘　苗　高　昶　张三强

副主编　杨世昌　张志勇　李春兰　张美霞　苗　琴

翟德胜　张翠翠　白慧君

编　委（以姓氏笔画为序）

白慧君　中国医学科学院北京协和医院

许　彤　新乡医学院第二附属医院

李春兰　新乡医学院第二附属医院

杨世昌　新乡医学院第二附属医院

张三强　河南省心理咨询中心

张志勇　新乡医学院第二附属医院

张美霞　新乡医学院第二附属医院

张蒙蒙　新乡医学院第二附属医院

张翠翠　济宁医学院附属医院

苗　琴　新乡医学院第二附属医院

高　昶　济宁医学院

翟德胜　新乡医学院

潘　苗　新乡医学院第二附属医院

学术秘书　从痛快　新乡医学院第二附属医院

主编简介

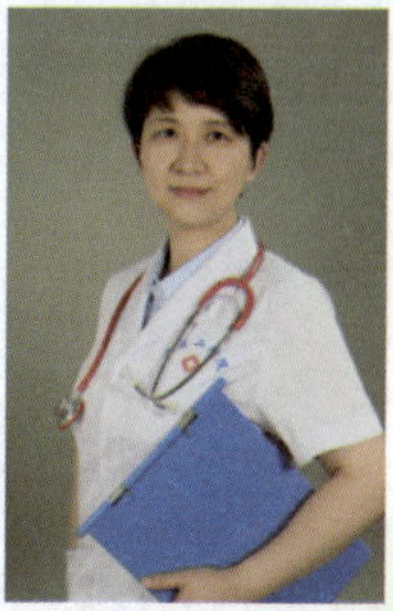

潘苗，硕士研究生导师，副主任医师，副教授，新乡医学院第二附属医院心境障碍诊疗中心主任、心境二科主任。兼任中国医师协会精神科医师分会青年委员会委员，中华医学会精神病学分会双相障碍研究协作组委员，中国医师协会精神科医师分会双相障碍专业委员会委员，中国医师协会精神科医师分会医学教育工作委员会委员，中国药物滥用防治协会青年专家委员会委员，河南省医师协会精神科医师分会第三届委员会委员，河南省心理卫生协会第六届理事会理事，新乡市医学会第一届精神医学专业委员会委员；《临床精神医学杂志》《中国医学创新》编委。主持河南省教育厅重点课题 2 项，参与国家 973 项目、国家 863 项目等科研项目。发表中英文论文 20 篇，参编著作及教材 5 部。擅长双相障碍、抑郁症、焦虑症、创伤后应激障碍、青少年心理问题的系统心理治疗和心理咨询。

高昶，中华医学会行为医学分会常务委员兼秘书长，山东省医学会行为医学分会副主任委员，中国期刊协会医药卫生期刊分会委员。主要从事行为医学、高等教育、期刊发行与出版等工作。主持山东省研究生教育创新计划等省部级课题1项，厅局级、市校级等课题5项，参与国家级及省部级多项科研项目。获山东省软科学优秀科技成果奖二等奖6项。发表中英文论文10余篇，担任主编、副主编及参编教材、专著10余部。

张三强，副主任医师，河南省心理咨询中心副主任、新乡医学院第二附属医院科研与研究生教育科科长，河南省心理卫生协会常务理事，河南省心理咨询师协会心身疾病专委会副主任委员，新乡市医学会心血管专业委员会学组委员，新乡市医师协会心血管病学医师分会副会长。从事心血管疾病及相关心身疾病的诊疗及临床教学工作。发表心血管及心身疾病防治相关论文10余篇。

序

突发应急事件是指突然发生，造成或可能造成严重社会危害，需要采取应急处置措施予以应对的自然灾害、事故灾难、公共卫生事件和社会安全事件。突发应急事件作为严重的外部应激源，当超出个体的应对能力时，会导致个体发生明显的生理反应和心理反应，即应激反应，可表现为一系列情绪、认知、行为和生理上的变化。2019 年底，新型冠状病毒肺炎疫情突如其来，是中华人民共和国成立以来传播速度最快、感染范围最广、防控难度最大的一次重大突发公共卫生事件，给人们的生命安全和身体健康带来了重大危害。这场疫情打乱了人们原有的生活节奏，给全国乃至全球人群带来了深远的精神心理影响。一项对全国 5 万余名居民进行的线上调查结果显示，新型冠状病毒肺炎疫情期间超过 1/3 的居民出现焦虑、抑郁、失眠或急性应激症状，且新型冠状病毒肺炎患者及其家人、一线工作者、隔离人群等更容易出现精神心理问题。世界卫生组织（WHO）总干事谭德塞指出，新型冠状病毒肺炎疫情对人们的心理健康产生深远影响，心理工作者应充分关注突发应急事件期间人们可能出现的心理卫生问题，及时发现并有效应对。

为提升人们在突发应急事件期间对心理健康的重视，且提高对精神心理问题的积极应对能力，加强对心理健康知识的了解，在中华医学会科学普及部、中华医学会行为医学分会、中华医学会精神医学分会及中国医师协会精神科医师分会的组织下，河南省精神卫生中心（新乡医学院第二附属医院）联合国内20多家高等院校和科研院所的医学专家，紧扣突发应急事件中加强心理干预和疏导的需求，撰写了《突发应急事件公众心理应对指南系列丛书》，结合新型冠状病毒肺炎疫情期间不同特征人群出现的心理反应和问题，分别对突发应急事件下成人、老年人、儿童青少年、大学生及特殊群体等不同人群的常见心理问题给予深入浅出的科学解释及应对策略指导，具有较强的针对性和实用性。同时，配套出版了视频、音频等系列出版物，包括突发应急事件不同人群的心理干预、常见心理障碍的识别与干预、常见心理问题的应对、常见心理减压技术等，旨在通过图书、视频、音频等不同形式，对突发应急事件下公众的心理问题识别及应对措施进行科学普及。感谢本系列丛书编审委员会各位专家及参与编写的医务人员在策划、选题、编审等工作中所做的贡献。

本系列丛书内容科学准确，语言通俗易懂，不仅可以作为公众心理卫生知识的科普读物，提高公众对突发应急事件的应对能力，也可以作为精神卫生工作者、心理健康工作者、心理援助热线工作者、临床医生及相关工作人员、社会工作者、社区防控人员等日常工作的工具书。

新型冠状病毒肺炎疫情作为近年发生的最严重的突发应急事件，是中华民族在伟大复兴征程中面临的一次前所未有的考验，伟大的祖国，英雄的人民，书写了人类历史上可歌可泣的抗疫篇章。灾难并不只能带来悲伤与痛苦，也能带来重塑与光明！疫情面前，没有局外人！希望我们通过这场战“疫”学会珍惜、自省、敬畏、感恩、担当、自律、静心、乐观，从这场战“疫”中汲取力量，在危机中成长，从磨难中奋起！

灾难磨砺精神，梦想凝聚力量！

中国科学院院士

北京大学第六医院院长

2020 年 12 月

前　言

2020 年，一场席卷全球的新型冠状病毒肺炎疫情，改变了许多人的生活甚至人生。这次疫情是中华人民共和国成立以来传播速度最快、感染范围最广、防控难度最大的一次重大突发公共卫生事件。这次疫情不仅严重威胁人们的生命安全和身体健康，同时也影响了人们的心理健康。新型冠状病毒的高传染性让人民群众陷入了极度不安和恐惧中，大学生在这场疫情中，同样遭受着心理冲击。焦虑、抑郁、愤怒、疑病、强迫这些负性情绪和行为影响着他们的生活和学习，如何打好这一场与不良心理和情绪斗争的“心理防御战”？需要大学生群体及时进行自我评估和心理调整，在做好身体防护的同时，更做好心理防护。对于每一位大学生来说，这不仅是一段特殊的经历和记忆，也是心理成长的机遇。

自疫情发生以来，党和国家相关部门多次强调心理疏导、人文关怀的重要性，国家卫生健康委员会及时发布了《新型冠状病毒感染的肺炎疫情紧急心理危机干预指导原则》。疫情期间，相关网络调查的结果也显示，大学生在疫情期间出现的焦虑、抑郁等情绪问题比较突出，应予以充分关注，并做及早应对。为此，在中华医学会科学普及部、中华医学会行为医学分会、中华医学会精神医学分会和中国医师协会精神科医师分会的组织下，河南省精神卫生中心（新乡医学院第二附属医院）联合北京协和医院、济宁医学院的精神卫生专家，紧扣当前新型冠状病毒肺炎疫情防控中加强大学生心理干预和疏导的需求，根据多年积累心理干预工作经验，撰写了《突发应急事件大学生心理问题识别及应对》，以疫情为例，为公众了解突发应急事件对大学生情绪及行为的影响、突发应急事件下大学生如何自我评估、如何自助和他助等提供了丰富资料，并通过临床实际病例及心理援助热线病例为大学生心理问题的识别及应对提供了指导。

本书分 7 个部分，包括大学生的心理特征、突发应急事件下大学生心理问题的识别及评估、大学生群体心理状态在线调查、临床病例及分析、突发应急事件大学生常见心理问题的应对策略及技术、CDVID-19 疫情期间如何远离心理障碍及复学后大学生常见问题及应对策略。本书具有较强的指导性和实用性。

本书为科普手册，适合大众、大学生、家长、教师、心理健康工作者、心理援助热线工作者和临床相关工作人员阅读。

本书在编写过程中，得到中华医学会科学普及部、中华医学会行为医学分会、中华医学会精神医学分会和中国医师协会精神科医师分会领导的大力支持，在此深表谢意。由于编写时间有限，书中难免有疏漏之处，敬请各位专家、读者、同道批评指正，我们将悉心接受，以便今后补充完善。

潘　苗　高　昶

2020 年 12 月

目　录

第一部分

大学生的心理特征

大学生的心理现象是多种多样的。近年来，我国的高等教育事业迅速发展，大学生的数量也逐步增多。大学生作为一群特殊的社会群体，由于其学习、生活的环境，人生目标和特点，年龄及所处社会地位的特殊性，使其具有自己独特的心理特征。当代大学生群体思维敏捷、个性独立、观念新颖、年轻又成熟、稳重又不乏激情。他们具有独特而又优秀的时代心理特征，同时也存在情绪波动大，自我认知不充分等 9 个常见的心理特征。

一、情绪波动大

目前，我国的教育特点，在中、小学阶段，学生的学习、生活都处于被引领的状态，绝大部分学生被阻挡在家庭和学校构筑的“防火墙”之内，处于“两耳少闻窗外事、一心只读圣贤书”的状态，其社交圈子及社交内容较为局限。但是，当进入大学校园之后，大学生活与中、小学完全不同，校园活动更为丰富，大学生也开始逐步接触社会，学习及生活中遇到的事情和环境中应激因素明显增多。

大学生的独立性及选择性明显不同于中学时代，脱离了熟悉的环境，很多事情是大学生第一次独立面对，由于年龄小及阅历少的因素，大学生的心理情绪具有波动起伏大的特点。当受到内心需要和外界环境影响的强烈刺激，他们的情绪表现出两极性，有时会因取得良好的成绩处于兴奋状态，有时因为一点挫折而变得异常消沉，严重时出现消极的观念，这种情绪上的大起大落常使一些大学生陷入理智与情感的矛盾与冲突之中，从而使其感到十分苦恼。

新生刚进入学校，对大学生活认知还处于比较模糊和较为谨慎的阶段，尚未适应环境。有的大学生是第一次远离家庭，难免会产生不适应的情绪，随着时间推移，各种问题开始暴露出来。大学生在处理学业及人际关系上，诸如学业计划、今后的专业发展前景及进步思考、感情问题、同宿舍舍友的关系处理、同学之间的关系处理等，有时候会面临诸多冲突，再加上他们对自身要求提高，因此，情绪波动较为明显，焦虑、挫败感、自我怀疑是最常见情绪和心理方面的问题，对自我情绪的认识和掌控水平有待提高。

二、自我认知不充分

自我认知是对自己的洞察和理解。如果一个人不能正确地认识自我，低估自己，就会产生自卑的心理，丧失信心。相反，如果一个人过高地估计自己，也会骄傲自大、盲目乐观。因此，恰当地认识自我，实事求是、客观地评价自己，是自我调节和人格完善的重要前提。大学生的人格尚未完全成熟，虽然他们的自我意识增强，但对自己的定位不一定十分准确。他们迫切要求深入了解自己和发展自己。十分重视维护自己的名誉，更希望得到别人的尊重和理解。在他们人格的完善过程当中，一部分大学生难以客观而充分地认识自己，要么妄自尊大，要么妄自菲薄，最后导致行为失控或做出不理智的事情。

三、主观性强

大学生的社会阅历尚不丰富，大学生批判能力弱，对社会阴暗面接触少，他们常把问题看得过于简单而陷入主观的漩涡。面对铺天盖地的网络信息，大学生群体虽接收快，但容易盲从。对纷繁复杂甚至相互矛盾的信息缺乏准确的判别力，易受到鼓动，常在网络上盲从地转发不真实消息，且大学阶段他们的思维能力发展处于初级阶段，思维的广阔性、深刻性和辩证性处在发展阶段，需要进一步提高。

四、承受能力弱

大学生期间会遇到许多问题，比如各种考试、经济压力、恋爱、交友、找工作、家庭关系等。一些大学生没有独立应对压力的能力，遇事不知所措，要么郁闷、崩溃，要么蛮横无理。有的意志不够坚定，缺乏克服困难的勇气和毅力，需要得到老师、家长或朋友的帮助。长此以往，不能“心理断乳”，产生依赖性，对日后个人的发展十分不利。因此，大学生群体增强心理素质和意志力是不能忽视的。

五、情感需求增加

渴望友谊和情感交流是大学生心理重要特点之一，一些大学生远离家乡父母，脱离了父母无条件的关爱，在学校过着集体生活。获得友情或爱情是适应新的生活环境的需要。在大学期间，能否与他人建立良好的人际关系，对一个人的成长和学习有着十分重要的影响。

六、务实性强

当代大学生同以往不同年代的大学生相比，现实主义和实用主义倾向逐步兴起，呈现出务实性强、功利的特点。具体表现为对待事情，部分大学生会思考他们的付出是否有回报，他们的付出对其今后的发展是否有利。同时，当代大学生独立性、平等性思维明显增强。认为自己与学校、辅导员、教师、同学之间的关系是平等的，任何个人和单位不能强迫其做违背自己意志的事情。

七、对未来不确定

大学生进入大学以后，每个人最关注的就是今后的就业问题，社会上各高校考研率居高不下，其实侧面反映了大学生想在今后的就业市场上保持有利地位的想法。

目前有调查显示，大学生专业归属的心理不强，非常喜欢自己专业的人数占比在 10% 左右。大学生自身阅历和对自身专业理解深度有限，对今后自身所有从事的工作认识模糊。一些大学生考研或提升学历的目的是为了今后能够找到一份较为理想的工作，不能将自己要从事的专业和社会国家需求结合，学习的主观能动性不强，对今后个人发展的概念模糊，抱有走一步说一步的思想态度，当在专业发展遇到困难时，常轻易放弃或转换学习方向。

八、网络依赖性强

当前网络社会，网络已经渗透到每个人的日常工作和学习生活中，作为年轻人群体，网络是伴随着大学生成长的，学习、生活、娱乐等各方面均较为依赖网络。

大学生每天上网时间长短不一，一般大学生上网活动时间至少在 1 小时以上。大学生使用网络的主要用途是查阅所需要的专业资料，浏览、获得信息，交友聊天，或者娱乐。

网络占据了一些大学生大部分的时间和精力，而这部分大学生将网络用于学习活动的时间并不多，而是沉迷于网络游戏，从而导致学业不及格，甚至受到退学处分的事例也屡有报道。

网络是当代社会的一个反映及投影，大学生易受到网络上各种观点的影响。因此，大学生应端正上网动机，合理地利用网络资源，同时提高自身素质，养成健康的上网习惯。网络信息接收便捷又内容丰富，对大学生增长见识、完成学习任务都有很大的帮助。大学生应珍惜在校的学习机会，将学习作为上网的主要目的，要树立正确的网络意识，注重自身信息安全的保护，对于一些不良信息要坚决抵制并举报。

大学生在使用网络的同时，一定要养成健康的生活习惯，掌握好网络使用的“度”。大学生群体应当树立健康生活、快乐学习的理念，将上网娱乐作为校园生活的“调味剂”。

九、热情、参与意识强

大学生参与社会事务的领域也十分广泛。他们积极参加并转发校园及网络上的慈善捐款；他们为改革开放取得的伟大成就热情讴歌；他们认真参与社区青年志愿者活动。积极参与的意识是当代大学生日益强烈的社会责任感和历史使命感的表现。这标志着大学生心理的、社会性的发展和成熟。

目前，大学生的参与意识还表现在参加校园内的各项学习、社会工作、文化体育活动中，绝大多数在校大学生都希望能够担任一些社会工作，或者参加各种社团活动，这是因为他们认为从事社会工作、参加社团活动能学到更多的专业之外的知识，锻炼和提高自己的组织管理能力和社会活动能力，扩大知识面，使身心得到更全面的发展。同时，通过参与各项活动来表现自己的才能，也是满足个人归属、尊重、自我实现等方面的心理需要。

小结： 大学生是中国青年中的优秀群体，近几年大学生的心理状况受到各方面的重视。他们正处于逐步走向成熟，但还未真正成熟的阶段。他们在许多方面比青少年成熟，但是又不可避免地存在一些问题，特别是当面对压力时，尤其在突发应急事件的情况下，易出现心理问题。本部分主要介绍了大学生的心理特征，希望对大学生的心理健康有所帮助。

（潘　苗　高　昶　张三强　张翠翠　白慧君）

第二部分

突发应急事件下大学生心理问题的识别及评估

突发应急事件是指突如其来且超乎寻常的生活事件，对个体具有威胁性。以新型冠状病毒肺炎（Corona Virus Disease 2019，COVID-19，简称新冠）疫情为例，COVID-19作为一种传染性疾病突如其来，快速蔓延，对我们每个人来说，都是强烈的精神应激因素，威胁到我们的生命健康，影响到学习、工作、生活的各个方面，同时也可能因此出现一系列不同程度的心理应激反应。每个人在这种强烈的应激情境下，都需要一个逐步适应的过程。

大学生群体是一类特殊的人群，他们是中国青年中的优秀群体，处于逐步走向成熟，但又没真正成熟的阶段。在心理方面，虽然大学生较青少年人群更为成熟，但是也存在一些问题。当面对突发应急事件时，大学生群体会产生不同于其他人群的特征性的心理变化。

当突发应急事件发生后，需要大学生以积极的心态去应对，家长、学校、社会，不仅要关注大学生的生理需求，同样也要了解他们心理需要与诉求，预防可能出现的心理、精神问题，引导他们进行自我调适，必要时寻求专业帮助或到专业机构积极治疗，帮助他们早日恢复。

我们将在这一部分以 COVID-19 疫情为例阐述大学生人群面对疫情容易发生的情绪、认知、行为、躯体等应激反应，以及各种突发应急事件下大学生可以快速进行自我评估的心理或精神自评量表。希望能对大学生的心理健康有所帮助。

一、突发应急事件下大学生常见心理问题

突发应急事件下，人们都可能出现恐惧、害怕、担心、焦虑等心理、行为应激反应，适度的应激反应可以提高个体的警觉水平，有利于个体的生存。然而，超出个体承受能力的精神应激则易导致某些心理问题或精神疾病的发生。以 COVID-19 为例，突如其来的 COVID-19 疫情让所有人都面临应激的挑战，在这场危机中所有人都会产生一系列的应激反应，主要包括情绪反应、认知反应、行为反应和躯体反应。不同人群可能会出现不同程度的应激反应，适度的应激反应有助于机体调动起应对病毒的能力，但是过度的、不适当的应激反应则会对心理产生不同程度的不良影响，造成机体稳态被破坏，内分泌及代谢紊乱，继而损害免疫系统，降低身体的防御能力。如何识别、预防和应

对便显得尤为重要。

为了预防大学生群体不良心理或精神问题的出现，首先应当正确识别大学生的心理反应。COVID-19 疫情期间大学生因为正常的生活、学习规律受到影响，看到太多跟疫情相关的负面信息，有可能产生不恰当的认知，从而出现一些焦虑、躯体忧虑、恐慌、愤怒、抑郁、强迫的情绪症状，也有部分大学生出现盲目乐观的情绪，甚至出现睡眠不良、行为退缩等行为方面的症状。

（一）情绪反应

突发应急事件下大学生的情绪体验会更加敏感，心理暗示性会升高。大学生开始逐步接触社会，对社会有更多的关注，大学生的情绪控制能力与他们的周围环境有密切关联。如果受到外界环境影响的强烈刺激，他们的情绪容易产生较大波动而表现出两极性，如在短时间内从高度的兴奋变成极度的消极，或者从冷漠突然转为狂热。这些情绪特征常使一些大学生陷入理智与情感的矛盾和冲突之中，再加上手机及电脑的普及，大学生整日和手机、网络打交道，或者使用各种聊天工具，易掌握较多获取信息的途径，情绪更容易受各种信息的影响，出现焦虑、躯体忧虑、愤怒、抑郁、强迫、盲目乐观等不良情绪。

1. 焦虑　大学生小 A 的妈妈描述，小 A 整天手机不离手，过分关注 COVID-19 疫情进展的消息，反复查看相关内容，最近表现的越来越紧张、越来越恐惧，吃不下饭，睡不着觉，妈妈让她去医院就诊，小A不愿意。

身处信息发达的互联网时代，大学生能接收的信息、知识来源丰富，但网络上的信息真假混杂，甚至会有谣言，这些信息会造成大学生心理恐慌及加重心理压力。大学生心智尚不完全成熟，情绪不稳定。行为有时亦冲动，易受到外界不良信息的引导和影响。对部分大学生来说，由COVID-19疫情造成的恐慌情绪，可能会导致其出现相关症状，严重者不愿就诊，否认疾病，过度担心疫情的发展。大学生小A因为浏览过多相关COVID-19疫情的负面信息，出现了“灾难化”解读。还有的大学生可能会出现“看谁都是携带者”“不敢出门、更不敢去医院”“感到生活充满了不确定性”“下一秒就会感染上COVID-19”等想法。这些想法和行为可能会推动焦虑情绪发展成为恐慌，导致产生一系列盲目的行为，比如，过分频繁地洗手，过量使用消毒剂、抢购口罩、囤积食品等。

焦虑情绪反应主要表现为对未知过度担心，提心吊胆，惶恐不安，对外界刺激敏感，注意力难以集中，易受干扰，难以入睡、睡中易惊醒，情绪不稳定，爱发脾气、烦躁易怒，心神不安、坐卧不宁，有失控感，常伴有出汗、心跳加快、口干、胃部不适、胸闷气短等神经功能紊乱的表现。

2. 躯体忧虑　大学生小B，自己在家反复量体温，有一次刚起床，测量的体温为37℃，因此，就紧张得不得了，认为自己发热了。于是大量喝热水，体温又升高为37.3℃（喝热水后量体温，体温会升高），之后小B便感到浑身没劲、疲乏、胸闷、憋气等症状。虽然小B整天感到周身不适，但其拒绝就诊，在家一直重复量体温。

大学生是较早认识到COVID-19严重性的群体，但是实际生活中他们又无法分辨出谁是病毒携带者，从而感到难以保障自己和家人的健康安全。大学生对疫情进展的关注和自身需求之间的矛盾导致其安全感急剧下降。因此，大学生普遍会出现焦虑，主要表现为特别关注身体的各种感觉，而且会将身体的各种不适与COVID-19联系起来，怀疑自己是否患病。比如，当所居住的小区里有疑似患者，就开始怀疑自己已经感染上COVID-19，进一步加重了焦虑情绪。

我们分析大学生小B可能就是处于躯体忧虑状态。躯体忧虑的主要表现为有一个或多个躯体症状，针对躯体症状或健康状态，持续存在高水平的焦虑，为此投入过多的时间和精力，造成本人明显的精神痛苦或明显的扰乱本人的日常生活。躯体忧虑多伴有躯体的不适主诉，涉及多个系统。躯体忧虑主要影响受自主神经支配的器官系统（如心血管系统、呼吸系统、消化系统、骨骼系统、泌尿生殖系统等），常见的症状有心悸、胸闷、腹泻、腹胀、腹痛、转移性疼痛、震颤、尿频等。患者主诉症状是持续存在的，不是一过性的。躯体忧虑状态下人们往往会过分关注自身的躯体症状，虽然任何一种症状都缺乏器质性病变的证据，仍然坚信症状会影响健康，整日焦虑不安。

3. 愤怒　大学生小C最近脾气暴躁，怨天尤人，觉得不公平，生活受到很大的影响，埋怨、谩骂喜欢吃“野味”的人，甚至对疫区人员也有言语攻击，经常在微信群里宣泄愤怒的情绪，甚至有一次外出时，因不配合测量体温，和社区工作人员发生了冲突。与家人关系紧张，常因一点小事出现骂人、摔东西等过激行为。

在COVID-19疫情期间，我们经常在网络上看到一些表达愤怒情绪的语言，这些语言有时一呼百应，像“病毒”一样传播。心理学上将此称为“挫折-攻击模型”理论，面对压力或危险，油然而生的愤怒情绪其实是增强控制感，进行自我防卫的自然反应。在疫情风险与压力的情境下，人们很可能会出现愤怒情绪。大学生小C，因愤怒情绪而抱怨、迁怒他人，不愿配合居家观察、不配合社区的安排，与家人关系紧张，因小事出现冲动和过激的行为。大学生人群，对社会的认知不够全面，警惕性低，情绪易被煽动，易被别有用心者利用。大学生必须认识到，许多谣言恰恰是针对人们的恐慌心理，诱使我们愤怒，并过度地发泄自己焦虑不安的情绪，而这种被煽动的“怒火”可能会对无辜的人造成伤害。大学生必须认识到一味地表达愤怒，肆意发泄情绪，是于事无补的行为，要保持自己情绪稳定，行为反应的冷静、克制，以“不信谣、不传谣”的心态，理性关注疫情现况。不冲动参与对当事群体的攻击，不让自己成为一部分“有心人”的帮凶。

4. 抑郁　大学生小D在自我隔离、居家不出门的过程中，逐步消沉，对一切都似乎失去了兴趣，也难以感到愉悦。每天都十分疲劳、精神不振，也很难集中注意力或思考。当想到疫情和今后的学习生活时，忍不住哭泣，甚至觉得一切都完了。

大学生小D这样的表现可能是抑郁发作的信号，这些反应和我们在日常生活中遭遇重大应激性事件时的表现症状差不多（如失恋、重要考试失败）。当前在疫情紧张的防控形势下，不断上升的确诊人数、网络上传播的悲观消息，以及身边其他人传递的沮丧情绪，都可能成为压倒我们的“最后一根稻草”。抑郁的主要表现包括心境低落、兴趣和愉快感的丧失，活动减少和疲劳感增加，这些核心症状在小D身上都能看到，除此之外，抑郁还常伴有注意力障碍及思维迟钝、自我评价降低、无望感，以及食欲、性欲、体重方面的变化。严重时会感到生活中的一切都没有意义，活着没有意思，最终发展成自杀行为。自杀行为是抑郁最严重的症状和最危险的后果之一，一旦发现有自杀观念或自杀企图的人，一定要保持高度警惕，认真做好自杀风险的评估和预防。

5. 盲目乐观　大学生小E，性格活泼，疫情期间从不戴口罩，一次到超市购物时，被其他购物人员投诉。小 E 认为“COVID-19 传染性强”“致死率高”这类言论都是危言耸听，流感还死人呢，有什么可大惊小怪的，自己年轻身体好，不用戴口罩。

当出现应激事件时，适度的乐观可以稳定情绪，帮助自身快速走出应激的负面影响，是面对疫情必要的心态。但是，盲目的乐观会造成不良后果。大学生小 E 则未意识到，即使采取一定的预防措施，也不能一定保证不被病毒感染。若不做防护，感染的风险将更高。盲目的乐观不仅使人们放松警惕，同时增加自己和他人感染的风险。

以 COVID-19 疫情为例，疫情早期，一些人盲目自信，对防控疫情缺乏基本医学常识，认为自己及家人身体好，又没有明确的接触史，应该不会被感染，因此，即使自己或家人出现了发热、咳嗽等症状也认为只是一般感冒引起的发热，甚至在诊断明确的情况下，宁可采用不科学的方法去治疗，也不去正规医院接受正规治疗，导致延误了治疗时机。没有做到早发现、早隔离、早治疗，甚至造成家庭聚集式传播。这些证实了盲目乐观不可取。目前疫情蔓延的势头已经得到有效遏制，很多人认为已经雨过天晴，阴霾散尽，逐渐松懈预防措施，公共场所不戴口罩的人比比皆是，有的甚至开始聚餐。此时，我们一定不能盲目过度乐观、麻痹大意，使疫情反扑。

（二）认知功能改变

大学生小F因新冠疫情长时间居家隔离，对生活关注越来越少，大部分时间都在关注与疫情相关的内容，相信网络上流传的各种防病、治病的偏方，甚至一些迷信的说法。反复想不恰当的问题和事情，过度关注不好的信息及消极后果，不再关心周围环境中的其他事情，记忆力也有所下降。

当应激事件突然发生并持续一段时间，可能会造成认知功能的改变，注意力及记忆力下降，敏感多疑，疑病，认为自己已经患上某种疾病（包括COVID-19、乙肝、艾滋病等），虽多次排除诊断，仍不相信医院的诊断结果，反复到处求治。随着应激因素的消失，大部分人会逐步恢复到正常的认知状态。大学生小F在新冠疫情持续期间逐渐出现注意力不集中，记忆力下降，想问题的角度片面，总认为自己是不幸的一员。对身体各种感觉、变化过度关注。有的人过分在意别人或自己是否戴口罩，是否咳嗽等行为，一旦他们接触了有咳嗽症状的人，就开始怀疑自己已经感染上COVID-19；有的人一旦出现身体各种不舒服就与COVID-19联系起来，怀疑自己是否已经患病；有的人认为生活中充满各种各样的危险，意外可能随时发生，难以相信他人等；还有一些人过度关注疫情相关消息，反复查看相关内容。

（三）行为

1. 强迫行为　大学生小 G 最近大量浏览信息，反复查看疫情相关的信息；反复比对报道的症状与自己身体出现的情况是否一致，反复测量体温；对身体过分关注，不受控制地反复联想消极的后果，为此感到非常痛苦。小 G 出现反复洗手，每次洗手超过 20 分钟；过度担心家人，要求家人必须和他一样反复洗手和反复测量体温。

以新冠疫情为例，疫情期间大学生出现行为异常，有的大学生由于担心自身或家人的健康状况，急切地寻找确定的答案，出现强迫性的搜索行为，让自己淹没在疫情信息的海洋中，不断拿起手机，反复刷朋友圈，看各种新闻报道；寻找看似确定的信息，又不断怀疑信息的准确性，导致焦虑。有的大学生对身体过分关注，反复要求医学检查，或者逃避医生的检查和救治，不愿遵从医嘱。有的大学生为了缓解焦虑，预防性服用大量的药物，导致不良反应。有的大学生对家人或其他人要求苛刻，或者过分依赖家人、医生。有的大学生做事变得冲动、莽撞，与人相处容易发脾气，甚至出现攻击性言语和行为。有的大学生和家人互动与其他社交活动明显减少，生活懒散，经常独自发呆。还有一些大学生表现手足无措，或者坐立不安等，严重者甚至情绪失控、哭泣喊叫等。有的人会通过重复行为获得安全感，比如反复对家具与生活环境进行消毒杀菌，频繁大量的进食，咬指甲、抠手等。有的人不断囤积食物、水、口罩和其他防护用品；有的人长时间沉迷网络游戏，有的甚至出现违反社会规则的行为。大学生小G就是如此，出现强迫行为，因为怕受感染而反复洗手、强迫检查、反复消毒家具与生活环境等，这些症状常伴随着焦虑情绪反复出现，强迫行为出现后能部分缓解焦虑。

2. 睡眠问题　小H今年刚上大一，不喜欢自己的学校，很难融入同学当中，新冠疫情期间居家时间长，感觉很舒适，随着各地复课，一想到即将返校，就睡不好觉，整个人变得憔悴。

当应激事件出现，大多数人会感到压力，俗话说“日有所思，夜有所梦”，压力就反映在睡眠质量下降，主要表现为入睡困难，睡眠不深，易醒和早醒，醒后再入睡困难，严重者可发展为睡眠障碍。

3. 酗酒或物质滥用　小I在疫情暴发期间去武汉探望自己的女友，被困武汉，2人虽朝夕相处，但小I无法回家过年，饮食住宿多有不便，矛盾渐生。小I开始借酒浇愁，刚开始尚能控制酒量，后来不喝酒就睡不着觉，越喝越多。喝完酒后有时崩溃大哭，有时蒙头大睡，有时与女友争吵，自己感觉非常痛苦。

大学生刚接触社会，经济尚不能独立自主，当遭遇突发应急事件，可能通过大量饮酒、吸烟或服用抗精神病药物来缓解压力。很多人认为这些方式能帮助自己渡过疫情，虽然可能暂时有效，但应注意这些行为会导致饮酒成瘾或物质依赖等一系列心理问题。

（四）躯体

突发应急事件容易导致食欲缺乏、恶心，身体过于敏感，胸痛、腹部不适、腹泻，尿频，出汗，肌肉紧张及发抖，浑身乏力，头痛，胸闷、心悸等；还会导致警觉性增高，睡眠差，表现为入睡困难、睡眠表浅、早醒、多梦且多噩梦；有些还会出现血压升高、体温升高、心率加快、月经紊乱等症状。

为了预防不良心理反应的出现，大学生应当正确认识自己的心理反应，以恰当心态对待应急事件，挖掘社会支持系统，积极主动交流与沟通，维持稳定健康的生活方式。

二、突发应急事件下大学生心理自助干预方法

大学生如果已经出现了心理问题，甚至已经影响到了学习和生活，可以先采取自助干预方法尝试调节情绪和压力。可以利用积极联想、放松训练、正确宣泄、调整认知、建立价值感等方法来调节，或者寻求专业的心理支持。

心理波动是阻击新冠肺炎这场“战疫”中每个人都要过的一关，大学生亦如此。一个良好的心理状态对我们的生活、工作甚至身体均会产生积极的正向影响。针对大学

生人群心理特点及容易出现的各种心理情绪问题，以新冠疫情为例，可采用以下的心理自助干预方法。

（一）识别和接纳自己的情绪

我们遇到危险时，会本能地感到害怕、担心、紧张、恐惧，呼吸、心跳加快，骨骼、肌肉变得紧张，胃肠道受到抑制，听觉可能变得比以前增强。此时，全身所有器官系统在大脑支配下重新分配资源，目的就是自我保护。突发应急事件就是一种危险状态，当大学生处于应激状态，往往会出现各种各样的情绪，常见的情绪包括恐慌、担心、焦虑、猜疑、愤怒、攻击冲动等，适度的情绪压力是有好处的，可以帮助我们识别和远离危险，但过度的负性情绪会有损我们的健康。无论你出现任何情绪，这些都属于你正常的心理情绪反应。应理解、识别和接受自己的这些情绪，不要否认和排斥它们，尝试通过应激事件学会管理自己的情绪而避免被情绪所控制。

以新冠疫情为例，首先，大学生需要明白，虽然COVID-19是一类传染病，且传染病的暴发的确会给我们每一个人带来巨大的压力，甚至造成心灵的创伤，因而产生害怕、担心、紧张、恐惧或消极的情绪都是十分正常的。紧张、害怕能够降低我们暴露在病毒中的危险，所以，这些情绪反应对于大学生有着重要的积极意义。即使发现自己情绪异常，也不必视之为洪水猛兽，不必对此有过多的心理负担。这些情绪改变都是人面对压力时出现正常的反应。接纳这些情绪有助于我们更好地学习和生活。不过，这并不意味着就可以对所有的负面情绪听之任之，一定要对自己的心理或情绪状态有一定的监控，注意分辨自己是否有出现过度的情绪反应，可以与自己以前的心理情绪反应，或者与同学、朋友对比一下。评估自己是否已沉浸于某种消极情绪中、难以自拔。自己对疫情的看法、信念是否有不合理之处，自己的生活习惯、行为轨迹是否出现大的波动，再确认自己是否有失眠、郁闷、易伤感等身体和心理方面的变化。如果这以上几个方面均与之前有很大不同，那即是情绪反应过度，一旦影响到正常学习及生活，就需要及时调整或寻求专业人员的帮助。

（二）科学的接收信息

现代社会是信息社会，我们都处于信息爆炸的年代。大学生尚未进入社会，社会经验不足，易不加选择地接收信息，受负面影响。建议大学生要从权威媒体了解实际情况，听权威专家讲解，相信现代科技和医疗的力量。理性、客观的信息，有利于稳定情绪，反之，片面、不实、情绪化的信息易引起情绪的波动。随着社会发展、科技进步、城市管理、公共卫生水平的提高，人类控制传染病的能力提高了，雷神山、火神山、方舱医院的建立运行，中西医共同治疗的新途径，使治愈率越来越高，要相信现代科技的力量，要对中国医疗有信心。

以新冠疫情为例，很多时候大学生会自觉或不自觉地被淹没在新型冠状病毒肺炎相关的信息激流中，刷着微博，看着朋友圈，隔几分钟就拿出手机来看一看，越看越担心，越看越害怕。社交媒体上带有情绪的、个人化的消息，易使大学生产生了巨大的恐惧感和无力感，对他人或社会甚至感到愤怒。这时就要科学的、有选择的接收信息，接受专业的、官方的权威信息，从正规媒体接收关于COVID-19的报道，了解病毒性质，掌握流行情况，不轻信传言。要相信政府公开的信息，要对政府的防疫工作保持足够的信心。也要认真了解相关的科学报道，相信科学研究对治疗疾病的根本性作用。另外，在信息过多的情况下，可以适当地关闭一些获取信息的通道。不因频繁报道而产生恐慌心理。将恐慌转化为认真、科学、适度的个人防护。

（三）积极主动交流与沟通

长时间居家不出时，可能会感到孤独。我们可以通过电话、互联网多与家人、同学、朋友交流，相互鼓励、沟通感情，加强心理上的相互支持，从社会和家人的支持中汲取温暖和力量。我们还可以和有相似情况的同学联系，居家召开班级视频联络会，互相倾听，建立新的连接，构建心理同盟。利用这个超长假期，享受亲情，比如和家人一起做美食、做游戏、聊天、读书，听音乐等。

（四）维持稳定健康的生活方式

疫情中虽然大学生活动范围受到限制，我们仍要积极地看待生活，尽可能维持原有的规律作息习惯。目前，各个高校均开设网络授课，大学生应按照原先的学习节奏，按时起床、吃饭、休息，让自己回到正常的学习生活轨迹。规律的生活和学习是应对焦虑恐慌的良药。在此基础上，还要建立良好的生活卫生习惯，注意休息，保证睡眠，减少咖啡摄入，不要通过烟、酒来缓解紧张情绪。

合理安排饮食，多喝水、保证新鲜水果、蔬菜的摄入、将肉、蛋、鱼、奶等动物性食物加热至熟透。同时，保持适度的体育锻炼。提倡每周都进行有氧运动，可以加强新陈代谢，提高自身免疫力，还能降低精神压力，减少负能量，产生积极的自我感觉。在家里可以进行原地跳、拉伸运动，广播操等运动。

很多学校已开始组织在线学习，但是躺在被窝里打卡的大学生不在少数，要安排好时间，利用好手机学习。按照正常上学的时间表作息，每天在固定时间段收集“学习信息”，其他时间把手机调成静音，摆脱 24 小时被手机掌控的状态。请注意，很多时候“怕错过重要信息”，只是手机依赖的借口。

希望“抗疫”进行时，大学生做“吃好、睡好、心情好”的三好大学生！

（五）一些自我疏导的技术和方法

1. 积极联想法　主动进入正念冥想状况，去联想一些积极的、放松的场景，有利于改善我们的心态。运用手机里有关冥想的应用程序，每天花 10～15 分钟进行 1～2 次积极联想，可有效改善我们的情绪问题。我们还可以回忆自己生活中欢乐美好的时光、想象世界上宁静美丽的风景，将这些积极的内容和自己联系在一起，认识到未来仍充满着希望。可以想象森林、溪流等生机勃勃的场景，仿佛逐渐洗刷自己的身心，驱散内心可能的阴影，让阳光普照大地。

2. 放松训练

（1）呼吸放松训练：呼吸放松训练即腹式呼吸。在感到压力的时候，试着调整呼吸，可以把手放在肚子上，从 1 数到 3，慢慢地用鼻子吸气，让腹部用力，感受肚子慢慢鼓起。然后，再专注地让腹部慢慢收紧，慢慢地呼气，同时再从 1 数到 5，在反复的呼吸过程中，尝试将注意力放在自己的呼吸上，感受气流与鼻腔之间摩擦的感觉，鼻腔内温度的变化。每次 10 分钟左右，呼吸放松训练可有效减压。

（2）渐进式的肌肉放松训练：渐进式的肌肉放松训练是最常用的放松训练方式，循序渐进地放松每组肌肉群，最终使全身达到放松状态。共有 13 个步骤，可跟随录音或另一人念稿完成。

1）放松练习。放慢呼吸，做一次深而长的吸气，保持吸气几秒钟，然后慢慢呼气，此时想象自己的身体变得越来越沉重，慢慢地陷进椅子里，保持呼吸的节律，感受身体放松的感觉。呼气时，可口中默念“放松、放松、放松……”以这种方式持续呼吸 2～3 分钟。然后，重复上述步骤一次。

2）紧张和放松身体的肌肉。把注意力集中到您的足部，让足部和踝部的肌肉紧张，将足趾尽量向上跷并靠近头部，慢慢拉紧您的肌肉，感受足部和踝部的紧张感，保持一会儿这种感觉。然后慢慢放松，让足部松软和垂下，感受足踝部放松的感觉，感觉紧张从足部慢慢地流走，您的足部向两侧倒下，并变得越来越沉重……想象足部重得慢慢地陷进床里，越来越放松……越来越沉重……然后，再重复上述步骤一次。

3）将注意力集中到您的小腿上，紧绷小腿部的肌肉，抬起小腿放在您的面前，体会紧绷的感觉，慢慢地拉紧您的肌肉，感受小腿部紧绷的感觉，保持一会儿这种感觉。现在，开始慢慢地放松，让您的足部松软和垂下，让小腿变得松软和沉重，感受小腿放松的感觉，感到紧张从您的足部慢慢地流走，您的小腿变得沉重、松软无力，想象小腿和足部重得正慢慢陷进床里，它们越来越放松……越来越沉重……然后，再重复上述步骤一次。

4）将注意力集中到您的大腿上，将大腿靠在一起，紧绷大腿的肌肉，感受到了大腿部的紧绷感觉，保持一会儿这种感觉。接着大腿放松地分开，感受大腿部的放松感觉，感到紧张从您的大腿部慢慢地流走，双腿变得又沉又软，大腿变得沉重，小腿变得沉重，足部变得沉重，想象紧张正从您的腿部流走，感受腿部的无力和放松，想象它们正慢慢陷进床里，放松的感觉从足部开始扩散，扩散到小腿和大腿，一直到臀部和腰部。然后，再重复上述步骤一次。

5）尽力将您的臀部并在一起，紧绷臀部和腰部的肌肉，慢慢地弓起您的背部，感受紧绷的感觉，保持这种感觉一会儿，现在将臀部分开，放松臀部和背部的肌肉，让背部靠在椅背上，感受肌肉放松的感觉，它们越来越沉重，越来越放松，臀部非常放松，腿也非常放松，足部非常沉重，紧张正从您的身上流走。然后，再重复上述步骤一次。

6）紧绷胃部和胸部的肌肉，想象您的胃部将受到拳头的打击，而你做好迎击的准备，做一次深长的吸气，保持吸气，收缩您的胃部，感受紧张的感觉，感到你胸部的肌肉紧绷，变得坚硬，保持一会儿这种感觉，现在慢慢地呼气，放松肌肉，感觉胃部的肌肉放松，感觉胸部的肌肉放松，当呼吸均匀和平缓时，您的胸腹部必须随着呼吸而轻微地起伏和下降，让呼吸有节奏和放松。然后，再重复上述步骤一次。

7）将注意力集中在您的双手和双臂上，慢慢地弯曲手指并紧握拳头，感受这种紧绷，同时紧绷手臂挺直在胸前，体会双手、前臂和上臂的紧张感，保持这种感觉一会儿，现在开始放松肌肉，慢慢地让双臂垂落在身旁，想象紧张正从您的手臂流走，离开了您的上臂，离开了您的前臂，离开了您的双手，您的手臂变得沉重和柔软、变得无力和放松，然后，再重复上述步骤一次。

8）将注意力集中在您的肩膀，耸起双肩并尽可能靠近耳朵，并拉向脊柱，感受这种紧绷正在通过您的肩膀传向颈部，将头略微后仰，紧绷颈部的肌肉，保持这种感觉一会儿，现在开始放松肩膀的肌肉，向前低头，肩膀垂下来，让肩膀继续下垂，感到紧张慢慢地从您的颈部和肩部流走，感觉肌肉变得越来越放松，越来越沉重，您的颈部十分柔软无力，您的肩膀十分沉重。然后，再重复上述步骤一次。

9）现在，把注意力集中在您的面部肌肉，先集中注意力，尽可能地皱起前额，保持一会儿这种紧张感觉，将注意力集中在您的面颊，咬紧牙关，使面颊部的肌肉紧绷，体会面颊部肌肉的紧张感，感受整个面部肌肉的紧张感，紧张通过了您的前额，您的双眼，您的面颊。现在开始放松，放松前额和面颊，感到肌肉正在松弛，紧张慢慢地从您的前额和面颊流走，您的前额变得逐渐放松，您的面颊逐渐沉重和放松，想象紧张离开面部、颈部、肩膀。感觉头部、颈部和肩膀肌肉十分沉重和放松。然后，再重复上述步骤一次。

10）将注意力集中到您的全身，全身感到沉重和放松，让紧张从您的全身离开，想象紧张全部都离开，感到平静，甚至听见呼吸的声音。您的双手、双腿和头部感觉既舒适又沉重，沉重得无法活动。

11）当您的脑中出现各种想法时，不要抗拒它们，而要接受和认识它们，让它们自由地翱翔。我要从 4 倒数至 1，当我数到 1 时，请你睁开双眼，眼睛睁开后要继续坐 1～2 分钟才可以移动身体。“4”开始感到有些清醒，“3”请做好开始运动身体的准备，“2”意识到了周围的环境，“1”请睁开双眼，您感觉全身十分放松和大脑也清醒。

（3）其他放松方式：做能让自己心情好的事情，如看电视节目、看书、听音乐、运动、玩游戏，适当与网络进行“隔离”，将自己的注意力转移到能让自己感觉舒适的活动，让心情彻底放松。

3. 宣泄情绪　压抑不良情绪会损害健康，要允许自己表达脆弱。提倡采用正确的途径和方式宣泄情绪，避免有害发泄。推荐每天写日记，将当脑中的想法和感受写下来。擅长或喜爱绘画的朋友也可以通过绘画的方式表达自己的情绪。还可以通过与亲朋好友之间的有效沟通获得心理支持。如果感到难过、悲伤、绝望，要允许自己通过哭泣的方式来抚慰心灵。

如果你发现自己极度担心或焦虑，你可以观察你所处的环境，有什么颜色的物体？或者有什么形状的物体？将注意力带回到当下，聚焦此时此刻。您可以想一个您深爱的或深爱您的人的面容，也可以哼唱你喜欢的童年歌曲，或者对着镜子给自己一个微笑。

4. 做有价值感的事　做让自己感到有价值、有意义的事情，这是对抗失控感、焦虑感的有效方法。当我们能够去帮助他人、关心他人、做建设性的工作的时候，我们能更多地自我肯定和自我表扬，能够增加对环境的控制感。可以运用自己的专业做一些相关的科普宣传，或者阅读一本好书、掌握一门技术，这些都是有价值的事情。

5. 寻求专业人士的帮助　如果应激反应过于强烈，以至影响到正常学习和生活，且无法通过自我疏导的方式缓解，可寻求专业的心理援助。目前，网络和电话咨询是比较可行又安全的方式，可留意当地心理干预的网络平台和热线电话。

较严重的焦虑、抑郁等问题，经过评估后应进行专业的疏导，包括认知行为矫正、放松疗法、正念冥想、森田或内观疗法、团体心理治疗等。

已经明确诊断为精神障碍的患者，应当在精神专科医疗机构接受治疗，除了心理干预，可能还需要相应药物干预，包括应用各类抗焦虑药物、抗抑郁药物等。

三、突发应急事件下大学生心理自助评估

主动且有效地识别和评估自己在何时、何种情境下、

出现哪种情绪反应，能增强对自身心理状况的掌控能力。每个人的个性、经历、健康知识、素养不同，对心理状况觉察、表达的能力也不同。因此，我们建议大学生，主动根据自身的情况调整、识别和评估有无心理方面的问题。评分没有对错之分，每个人之间并不相同，大学生应根据自己的主观体验进行评分。

当大学生发觉自身出现应激反应时，可以选择自评量表进行心理评估，明确心理问题的性质及严重程度，从而有针对性地进行心理调整。以下介绍 9 种常用的自评量表。

（一）心理健康自评问卷

心理健康自评问卷（self-reporting questionaire 20，SRQ-20）（表 2-1）是世界卫生组织（World Health Organization，WHO）发布的简易快速筛查工具，被译成十几种语言在全球多地区使用，该问卷被《灾难心理危机干预培训手册》收录，作为评估受灾群众心理健康状况的专业工具。问卷共 20 个问题，“是”计 1 分，“否”计 0 分，总分超过 7 分表明存在情感痛苦，建议寻求专业帮助。

表 2-1　世界卫生组织心理健康自评问卷（SRQ-20）

指导语：以下问题与某些痛苦和问题有关，在过去 30 天内可能困扰您。如果您觉得问题适合您的情况，并在过去 30 天内存在，请回答“是”。另一方面，如果问题不适合您的情况或在过去 30 天内不存在，请回答“否”。在回答问卷时请不要与任何人讨论，如您不能确定该如何回答问题，请尽量给出您认为的最恰当回答。

序号	问题		
1	您是否经常头痛	是	否
2	您是否食欲差	是	否
3	您是否睡眠差	是	否
4	您是否易受惊吓	是	否
5	您是否手抖	是	否
6	您是否感觉不安、紧张或担忧	是	否
7	您是否消化不良	是	否
8	您是否思维不清晰	是	否
9	您是否感觉不快乐	是	否
10	您是否比原来哭得多	是	否
11	您是否发现很难从日常活动中得到乐趣	是	否
12	您是否发现自己很难做决定	是	否
13	日常工作是否令你感到痛苦	是	否
14	您在生活中是否不能起到应起的作用	是	否
15	您是否丧失了对事物的兴趣	是	否
16	您是否感到自己是个无价值的人	是	否
17	您头脑中是否出现过结束自己生命的想法	是	否
18	您是否什么时候都感到累	是	否
19	您是否感到胃部不适	是	否
20	您是否容易疲劳	是	否
	总分		

（二）PHQ9 项评估表

患者健康问卷 9 项（patient health questionnaire 9，PHQ-9）抑郁症筛查量表（表 2-2）是临床上用于筛查抑郁症状的简单高效的方法之一，共 9 个项目，分为 4 级评分。总分：0～4 分为正常；5～7 分为有抑郁倾向；8～14 分为轻度抑郁；15～21 分为中度抑郁；22～27 分为重度抑郁。

注意：抑郁症状≠抑郁症！自评量表由于被测者心理暗示等原因可能会导致结果有一定误差，故评估结果仅供参考。

表 2-2　PHQ 9 抑郁症筛查量表

指导语：下面有 9 条文字，请仔细阅读每一条，根据您最近 2 个星期的实际感觉，是否有以下情况以及影响的程度如何？在适当的方格里画√。每一条文字后有 4 个方格，分别表示：从没有、有几天、一半天数以上、几乎每天。

	从没有	有几天	一半天数以上	几乎每天
1．对事情没有兴趣	0	1	2	3
2．感到情绪低下、抑郁、没有希望	0	1	2	3
3．无法入睡或睡眠时间过长	0	1	2	3
4．感到疲倦或没有精力	0	1	2	3
5．没有胃口或狂吃	0	1	2	3
6．感到对自己内疚或感到自己是失败者或造成家人不成功	0	1	2	3
7．做事时无法精力集中，如读报或看电视	0	1	2	3
8．走动或说话相当慢或超出寻常的兴奋和走动	0	1	2	3
9．想到“最好死了算了”或自我伤害	0	1	2	3

总分 ________

（三）7 项广泛性焦虑障碍量表评估表

7 项广泛性焦虑障碍量表（generalized anxiety disorder，GAD-7）（表 2-3）是临床上用于筛查焦虑症状的简单高效的方法之一，共 7 个项目，分为 4 级评分。总分：0～4 分正常；5～6 分为有焦虑倾向；7～10 分轻度焦虑；11～17 分中度焦虑；18～21 分重度焦虑。

注意：焦虑症状≠焦虑症！自评量表由于被测者心理暗示等原因可能会导致结果有一定误差，故评估结果仅供参考。

表 2-3　GAD-7 广泛性焦虑障碍量表

指导语：下面有 7 条文字，请仔细阅读每一条，然后根据您最近 2 个星期的实际感觉，是否有以下情况以及影响的程度如何？在适当的方格里画√。每一条文字后有 4 个方格，分别表示：从没有、有几天、一半天数以上、几乎每天。

	从没有	有几天	一半天数以上	几乎每天
1. 感到不安、担心、烦躁或者易怒	0	1	2	3
2. 不能停止或无法控制担心	0	1	2	3
3. 对各种各样的事情担忧过多	0	1	2	3
4. 很紧张，无法放松	0	1	2	3
5. 非常焦躁，以致无法静坐	0	1	2	3
6. 变得很易怒或躁动	0	1	2	3
7. 担忧会有不祥的事情发生	0	1	2	3

总分 ________

（四）匹兹堡睡眠质量指数量表

表 2-4 匹兹堡睡眠质量指数量表（PSQI）

条目	项目	评分			
		0 分	1 分	2 分	3 分
1	近 1 个月，晚上上床睡觉通常在 ______ 点钟				
2	近 1 个月，从上床到入睡通常需要几分钟	□≤15 min	□16～30 min	□31～60 min	□≥60 min
3	近 1 个月，通常早上 ______ 点起床				
4	近 1 个月，每夜通常实际睡眠 ______ h（不等于卧床时间）				
5	近 1 个月，因下列情况影响睡眠而烦恼				
	a．入睡困难（30 min 内不能入睡）	□无	□<1 次 / 周	□1～2 次 / 周	□≥3 次 / 周
	b．夜间易醒或早醒	□无	□<1 次 / 周	□1～2 次 / 周	□≥3 次 / 周
	c．夜间去厕所	□无	□<1 次 / 周	□1～2 次 / 周	□≥3 次 / 周
	d．呼吸不畅	□无	□<1 次 / 周	□1～2 次 / 周	□≥3 次 / 周
	e．咳嗽或鼾声高	□无	□<1 次 / 周	□1～2 次 / 周	□≥3 次 / 周
	f．感觉冷	□无	□<1 次 / 周	□1～2 次 / 周	□≥3 次 / 周
	g．感觉热	□无	□<1 次 / 周	□1～2 次 / 周	□≥3 次 / 周
	h．做噩梦	□无	□<1 次 / 周	□1～2 次 / 周	□≥3 次 / 周

（待 续）

（续　表）

条目	项目	评分			
		0分	1分	2分	3分
	i. 疼痛不适	□无	□<1次/周	□1～2次/周	□≥3次/周
	j. 其他影响睡眠的事情如有，请说明	□无	□<1次/周	□1～2次/周	□≥3次/周
6	近1个月，总的来说，您认为您的睡眠质量	□很好	□较好	□较差	□很差
7	近1个月，您用药物催眠的情况	□无	□<1次/周	□1～2次/周	□≥3次/周
8	近1个月，您常感到困倦吗	□无	□<1次/周	□1～2次/周	□≥3次/周
9	近1个月您做事情的精力不足吗	□没有	□偶尔有	□有时有	□经常有

计分方法：

成分	内容	评分			
		0分	1分	2分	3分
A. 睡眠质量	条目6计分	□很好	□较好	□较差	□很差
B. 入睡时间	条目2和5a计分累计	□0分	□1～2分	□3～4分	□5～6分

（待　续）

（续 表）

成分	内容	评分			
		0 分	1 分	2 分	3 分
C. 睡眠时间	条目 4 计分	□>7h	□6～7 h（不含 6h）	□5～6 h（含 6h）	□<5 h
D. 睡眠效率	以条目 1、3、4 的应答计算睡眠效率 *	□>85%	□75%～85%（不含 75%）	□65～75%（含 75%）	□<65%
E. 睡眠障碍	条目 5b～5j 计分累计	□0 分	□1～9 分	□10～18 分	□19～27 分
F. 催眠药物	条目 7 计分	□无	□<1 次 / 周	□1～2 次 / 周	□≥3 次 / 周
G. 日间功能障碍	条目 8 和 9 的计分累计	□0 分	□1～2 分	□3～4 分	□5～6 分

* 睡眠效率计算方法：$睡眠效率=\frac{条目4（睡眠时间）}{条目3（起床时间）-条目1（上床时间）}\times100\%$

评分标准：PSQI 总分 =A＋B＋C＋D＋E＋F＋G

0～5 分睡眠质量很好；6～10 分睡眠质量还行；11～15 分睡眠质量一般；16～21 分睡眠质量很差

（五）创伤后应激障碍自评量表

创伤后应激障碍自评量表（PTSD Checklist-Civilian Version，PCL-C）（表 2-5）是由美国国立创伤后应激障碍研究中心于 1993 年编制的。根据 DSM- Ⅳ制定的，PCL-C 为自评量表，由 17 项条目组成，专为评价普通人在平时生活（与战争相对而言）中遭遇创伤后的体验而设计的。它要求受试者根据自己在过去的1个月被问题和抱怨打扰程度打分，分5个等级，等级1为“一点也不”；等级2“有一点”；等级3为“中度的”；等级4为“相当程度的”；等级5为“极度的”。分数越高，代表PTSD发生的可能性越大。总分范围17～85分，用作筛查量表时，≥44分视为有意义。

注意：结果非诊断性，仅供参考。

表2-5　创伤后应激障碍自评量表（PCL-C）

指导语：当您经历了无法预测的突发事件后，突发事件产生的痛苦情绪有时会在您的记忆中保留很长时间，并且每次回忆时都很痛苦。请您自己评估最近1个月的反应，包括这些反应的严重程度（圈出最合适的分数）。

	没有什么反应	轻度反应	中度反应	重度反应	极重度反应
1. 过去的一段压力性事件的经历引起的反复发生令人不安的记忆、想法或形象	1	2	3	4	5
2. 过去的一段压力性事件的经历引起的反复发生令人不安的梦境	1	2	3	4	5
3. 过去的一段压力性事件的经历仿佛突然间又发生了、又感觉到了（好像您再次体验）	1	2	3	4	5
4. 当有些事情让您想起过去的一段压力性事件的经历时，你会非常局促不安	1	2	3	4	5

（待　续）

（续　表）

	没有什么反应	轻度反应	中度反应	重度反应	极重度反应
5. 当有些事情让您想起过去的一段压力性事件的经历时，有身体反应，比如心悸、呼吸困难、出汗	1	2	3	4	5
6. 避免想起或谈论过去的那段压力性事件经历或避免产生与之相关的感觉	1	2	3	4	5
7. 避免能使您想起那段压力性事件经历的活动和局面	1	2	3	4	5
8. 记不起压力性经历的重要内容	1	2	3	4	5
9. 对您过去喜欢的活动失去兴趣	1	2	3	4	5
10. 感觉与其他人疏远或脱离	1	2	3	4	5
11. 感觉到感情麻木或不能对与您亲近的人有爱的感觉	1	2	3	4	5
12. 感觉好像您的将来由于某种原因将被突然中断	1	2	3	4	5
13. 入睡困难或易醒	1	2	3	4	5
14. 易怒或怒气爆发	1	2	3	4	5
15. 注意力很难集中	1	2	3	4	5

（待　续）

（续　表）

	没有什么反应	轻度反应	中度反应	重度反应	极重度反应
16. 处于过度机警或警戒状态	1	2	3	4	5
17. 感觉神经质或易受惊	1	2	3	4	5

总分 ________

（六）学生生活应激问卷

学生生活应激问卷（student-life stress inventory，SLSI）（表 2-6）是针对大学生群体设计的量表，用来了解大学生在校期间所面临的冲突、挫折、变化、压力等应激源及大学生对这些应激源作出的生理、情绪、认知与行为的反应。

表 2-6　学生生活应激问卷（SLSI）

指导语：本问卷主要是为了调查你生活中压力的来源以及你对压力所做出的反应，因此，你的回答没有对错、好坏之分。请你认真阅读每一道题，根据自己近来 3 个月的情况，选择最符合自己的实际情况作出回答。

	从来没有	很少	偶尔	经常	总是
一、作为一名学生					
1. 我曾因迟迟达不到我的目标而体验过挫折感	1	2	3	4	5
2. 我曾因日常争吵影响我达到目标而体验过挫折感	1	2	3	4	5
3. 我曾因缺乏经济来源（生活费用，买书等）而体验过挫折感	1	2	3	4	5

（待　续）

（续　表）

	从来没有	很少	偶尔	经常	总是
4．在实现自己确立的目标时，我曾失败过	1	2	3	4	5
5．我是一个被社会排斥的人	1	2	3	4	5
6．在与异性约会时，我感到不知所措	1	2	3	4	5
7．尽管我够资格，我也曾被机会拒绝	1	2	3	4	5
二、我曾体验过					
8．由于面对两个或两个以上都渴望得到的对象而产生的冲突	1	2	3	4	5
9．由于面对两个或两个以上不想得到的对象而产生的冲突	1	2	3	4	5
10．当选择一个既有有利的，又有弊端的目标时而产生的冲突	1	2	3	4	5
三、我曾因如下原因而感到压力					
11．竞争（在学业，工作，与朋友的关系方面）	1	2	3	4	5
12．最后期限（交作业等）	1	2	3	4	5
13．试图同时承担很多事情	1	2	3	4	5
14．由于人际关系（家庭、朋友、期望和工作责任）	1	2	3	4	5
四、我曾经历过如下的变化					
15．突然发生的不愉快变化	1	2	3	4	5
16．同时面对太多变化	1	2	3	4	5
17．影响我的生活或妨碍我达到目标的变化	1	2	3	4	5
五、作为一个人					
18．我喜欢竞争，并期望取胜	1	2	3	4	5

（待　续）

（续　表）

	从来没有	很少	偶尔	经常	总是
19．我喜欢得到所有人关注和爱	1	2	3	4	5
20．我对任何人和任何事都很担心	1	2	3	4	5
21．我办事拖拉	1	2	3	4	5
22．我认为，我必须完美地解决我所面临的问题	1	2	3	4	5
23．考试时，我感到焦虑，担心	1	2	3	4	5
六、在紧张状态下．我有过如下的生理反应					
24．两手出汗	1	2	3	4	5
25．说话结巴	1	2	3	4	5
26．发抖，咬指甲等	1	2	3	4	5
27．快速来回走动	1	2	3	4	5
28．疲劳	1	2	3	4	5
29．肠道反应，消化性溃疡	1	2	3	4	5
30．气喘，支气管痉挛，呼吸急促	1	2	3	4	5
31．背痛，肌肉紧张，磨牙	1	2	3	4	5
32．皮疹、皮肤瘙痒、过敏的症状	1	2	3	4	5
33．周期性偏头痛，血压高，心跳过速	1	2	3	4	5
34．关节炎，全身痛	1	2	3	4	5
35．病毒性感染，感冒，流感	1	2	3	4	5
36．由于不能进食体重减轻	1	2	3	4	5
37．由于过度进食体重增加	1	2	3	4	5
七、在紧张状态下，我有过以下情绪方面的体验					
38．害怕，焦虑，烦恼	1	2	3	4	5
39．愤怒	1	2	3	4	5
40．内疚	1	2	3	4	5
41．忧伤，抑郁	1	2	3	4	5

（待　续）

（续　表）

	从来没有	很少	偶尔	经常	总是
八、在紧张状态下，我曾有以下的行为					
42. 哭闹	1	2	3	4	5
43. 欺辱他人（骂人或打人）	1	2	3	4	5
44. 自虐	1	2	3	4	5
45. 大量吸烟	1	2	3	4	5
46. 迁怒于他人	1	2	3	4	5
47. 企图自杀	1	2	3	4	5
48. 使用自我心理防御机制	1	2	3	4	5
49. 与他人隔绝	1	2	3	4	5
九、对于紧张状态我曾					
50. 思考并分析我所处紧张状态的情况	1	2	3	4	5
51. 思考并分析我所使用的策略是否有效	1	2	3	4	5

评分标准：SLSI 共 51 道陈述题，由被试者根据自己近 3 个月的情况，对每道题进行选择。量表分为两大维度：应激源和应激反应。这两个维度由 9 个因子组成：每题以五级记分，1＝从来没有；2＝很少；3＝偶尔；4＝经常；5＝总是。记分方式为：前 8 个因子中各题为正向记分，即 1＝1 分；2＝2 分；3＝3 分；4＝4 分；5＝5 分，最后 1 个认知因子为反向记分，即 1＝5 分；2＝4 分，3＝3 分；4＝2 分；5＝1 分。总分为 9 个因子中各题得分的和，得分越高受试者所面临的生活应激越强，产生的应激反应越大。本量表适用于在校不同专业、不同性别的大学本科 1～4 年级本科生、研究生、大专、中专生以及高中学生。

（七）青少年自评生活事件量表

青少年自评生活事件量表（adolescent self-rating life events check list，ASLEC）（表 2-7）由刘贤臣等编制，适应于对青少年尤其是中学生和大学生应激性生活事件发生频度和应激强度进行评定。该量表的结构简明，易于操作，经过对1473名中学生的测试，证明该量表有较好的信度和效度。该量表适应于中学生、大学生应激性生活事件发生频度和应激强度进行评定。

ASLEC为自评量表，由27项可能给青少年带来心理反应的负性生活事件构成。评定期限依据研究目的而定，可为最近3个月、6个月、9个月或12个月。对每个事件的回答方式应先确定该事件在限定时间内发生与否，若未发生过仅在未发生栏目内画“√”，若发生过则根据事件发生时的心理感受分为五级评定，即无影响1、轻度2、中度3、重度4或极重度5。完成该量表约需5分钟。 统计指标包括事件发生的频度和应激量两部分，事件未发生按无影响记，累计各事件的评分为总应激量。若进一步分析可分为6个因子进行统计。①人际关系因子：包括条目1、2、4、15、25；②学习压力因子：包括条目3、9、16、18、22；③受惩罚因子：包括条目17、18、19、20、21、23、24；④丧失因子：包括条目12、13、14；⑤健康适应因子：包括条目5、8、11、27；⑥其他：包括条目6、7、23、24。

表2-7　青少年自评生活事件量表（ASLEC）

指导语：该量表由27个题目组成，每个题目都简单地陈述了一个生活事件，请仔细阅读每个题目，并思考在过去12个月内，您或您的家庭是否发生过下列事件？如果该事件未发生，请选A；如果该事件发生过，请继续考虑该事件给您造成的苦恼程度，若您觉得该事件没有造成影响，请选B；若造成了轻度影响，请选C；若造成了中度影响，请选D；若造成了重度影响，请选E；若造成了极重的影响，请选F。

注意事项：

1．这些题目用于测试您的个人情况，没有对错之分，请您根据第一反应如实作答。

2．请结合最近12个月的情况与相应描述对照。

3．对每一个题目都要有而且只能有一个选择，不要遗漏，也不要多选。

	未发生	无影响	轻度影响	中度影响	重度影响	极重影响
1．被人误会或错怪	A	B	C	D	E	F
2．受人歧视冷遇	A	B	C	D	E	F
3．考试失败或成绩不理想	A	B	C	D	E	F
4．与同学或好友发生纠纷	A	B	C	D	E	F
5．生活规律（饮食、休息）等明显变化	A	B	C	D	E	F
6．不喜欢上学	A	B	C	D	E	F
7．恋爱不顺利或失恋	A	B	C	D	E	F
8．长期远离家人不能团聚	A	B	C	D	E	F
9．学习负担重	A	B	C	D	E	F
10．与老师关系紧张	A	B	C	D	E	F
11．本人患急重病	A	B	C	D	E	F
12．亲友患急重病	A	B	C	D	E	F
13．亲友死亡	A	B	C	D	E	F
14．被盗或丢失东西	A	B	C	D	E	F
15．当众丢面子	A	B	C	D	E	F
16．家庭经济困难	A	B	C	D	E	F
17．家庭内部有矛盾	A	B	C	D	E	F

（待　续）

（续　表）

	未发生	无影响	轻度影响	中度影响	重度影响	极重影响
18. 预期评选（三好学生）落空	A	B	C	D	E	F
19. 受批评或处分	A	B	C	D	E	F
20. 转学或休学	A	B	C	D	E	F
21. 被罚款	A	B	C	D	E	F
22. 升学压力	A	B	C	D	E	F
23. 与人打架	A	B	C	D	E	F
24. 遭父母打骂	A	B	C	D	E	F
25. 家庭给你施加学习压力	A	B	C	D	E	F
26. 意外惊吓，事故	A	B	C	D	E	F
27. 其他的挫折事件	A	B	C	D	E	F

（八）心境障碍问卷

双相障碍的症状多样，难以识别，常被归于各种问题唯独不是双相障碍，为此，R.Hirschfeld 等研究制定一个简短并容易使用的双相谱系障碍筛查量表，即发表于 2000 年的心境障碍问卷（mood disorder questionnaire，MDQ）。

MDQ 分为 3 个部分（表 2-8）。第一部分询问终身是否有过躁狂或轻躁狂的症状，有 13 个问题，回答“是”或“否”便可。答“是”便记为 1 分。答“否”则不计分。这些症状均源自 DSM- Ⅳ诊断标准和临床经验。第二部分询问这些症状是否有几个在一个时间段内同时存在，也是回答“是”或“否”。第三部分询问由于这些症状所致的功能损害，从“没有问题”到“严重问题”改为4级。

根据原研究者的评判标准，第一部分13个筛查症状中存在≥7条，第二部分答“是”即有几条症状同时存在，并且第三部分的严重程度达“中度”或“严重问题”，即为双相障碍筛查阳性。

表2-8　心境障碍问卷（MDQ）

1. 您曾经有一段时间与平常的你不一样，并且在那段时间里有下列表现：	是	否
您感到非常好或者非常开心，但其他人认为与平时不一样，或者因为特别开心，兴奋而给您带来麻烦		
您特别容易激动，好指责他人，或易斗殴或争吵		
您比平时更充满自信		
睡眠比平时明显减少，但您并不感到缺乏睡眠		
您比平时更健谈或讲话特别快		
您感到思维迅速、想法特别多，或者难以减慢你的思维		
您很容易随境转移，注意力很难集中，或很难专心做一件事		
您比平时更加精力充沛		
您比平时更加积极主动或忙忙碌碌		
您比平时更加乐于社交或外出，如半夜还打电话给朋友		
您比平时性兴趣更强烈		
您与平时处事的方式不一样，使得他人感到过分、愚蠢，或者太危险了		
花钱大方给您或家人带来麻烦？		

（待　续）

（续　表）

2. 如果上述答案中有 1 个以上是的话，是否有上述几种情况同时期发生		
3. 上述这些情况给您造成多大问题——例如工作、家庭、经济或司法问题，争吵或斗殴等 □没有问题　□轻度　□中度　□严重问题		

（九）社会支持评定量表

社会支持评定量表（Social support rating scale，SSRS）（表 2-9），由肖水源等编制于 1986 年。经应用后，于 1990 年作了修订。量表作者在复习和应用国外社会支持量表后，认为有必要自编评定工具，以更加适合国内应用。本量表的特点为简短，共有 10 项，包括 3 个维度：客观支持、主观支持、支持的利用度。在同类量表中，本量表在国内应用最广泛。

量表计分方法：第 1～4，8～10 条，每条只选一项，选择 1、2、3、4 项分别计 1、2、3、4 分，第 5 条分 A、B、C、D 共 4 项计总分，每项从无到全力支持分别计 1～4 分，第 6、7 条如回答“无任何来源”则计 0 分，回答“下列来源”者，有几个来源就计几分。

社会支持评定量表分析方法：①总分，即 10 个条目计分之和；②客观支持分，为第 2、6、7 条评分之和；③主观支持分，为第 1、3、4、5 条评分之和；④对支持的利用度，为第 8、9、10 条。

该量表用于测量个体社会关系的 3 个维度共 10 个条

目：有客观支持（即患者所接受到的实际支持），主观支持（即患者所能体验到的或情感上的支持）和对支持的利用度（支持利用度是反映个体对各种社会支持的主动利用，包括倾诉方式、求助方式和参加活动的情况）3个分量表，总得分和各分量表得分越高，说明社会支持程度越好。

表 2-9　社会支持评定量表

指导语：下面的问题用于反映您在社会中多获得的支持，请按各个问题的具体要求，根据您的实际情况写。谢谢您的合作。

1. 您有多少关系密切、可以得到支持和帮助的朋友（只选1项） A. 0　B. 1～2个　C. 3～5个　D. 6个或6个以上				
2. 近一年来您（只选1项） A. 远离家人，且独处一室 B. 住处经常变动，多数时间和陌生人住在一起 C. 和同学、同事或朋友住在一起 D. 和家人住在一起				
3. 您与邻居（只选1项） A. 相互之间从不关心，只是点头之交 B. 遇到困难可能稍微关心 C. 有些邻居都很关心您 D. 大多数邻居都很关心您				
4. 您与同事（只选1项） A. 相互之间从不关心，只是点头之交 B. 遇到困难可能稍微关心 C. 有些同事都很关心您 D. 大多数同事都很关心您				
5. 从家庭成员得到的支持和照顾（在合适的框内画“√”）				
	无	极少	一般	全力支持
A. 夫妻（恋人）				

（待　续）

（续　表）

B．父母				
C．儿女				
D．兄弟姊妹				
E．其他成员（如嫂子）				
6．过去，您遇到急难情况时，曾经得到的经济支持和解决问题的帮助的来源有 （1）无任何来源 （2）有下列来源（可选多项） A．配偶 B．其他家人 C．朋友 D．亲戚 E．同事 F．工作单位 G．党团工会等官方或半官方组织 H．宗教、社会团体等非官方组织 I．其他（请列出）				
7．过去，您遇到急难情况时，曾经得到的安慰和关心的来源有 （1）无任何来源 （2）有下列来源：（可选多项） A．配偶 B．其他家人 C．朋友 D．亲戚 E．同事 F．工作单位 G．党团工会等官方或半官方组织 H．宗教、社会团体等非官方组织 I．其他（请列出）				

（待　续）

（续 表）

8. 您遇到烦恼时的倾诉方式（只选 1 项） A. 从不向任何人诉述 B. 只向关系极为密切的 1～2 个人诉述 C. 如果朋友主动询问您会说出来 D. 主动叙述自己的烦恼，以获得支持和理解
9. 您遇到烦恼的求助方式 A. 只靠自己，不接受别人的帮助 B. 很少请求别人帮助 C. 有时请求别人帮助 D. 有困难时经常向家人、亲友、组织求援
10. 对于团体（如果党团组织、宗教组织、工会、学生会）组织活动，您（只选 1 项） A. 从不参加 B. 偶尔参加 C. 经常参加 D. 主动参加并积极活动

总分 ________

小结：这一部分以新冠疫情为例，结合具体病例介绍了大学生在突发应急事件期间可能出现的心理问题，并给予针对性的科学解释和应对方式的指导。针对大学生心理特点，介绍了一些好用的心理调节技巧及适用于大学生的心理健康自评量表，便于大学生进行心理自助干预，具有一定的指导性和实用性。

（高　祀　潘　苗　张翠翠　白慧君　张三强）

第三部分

大学生群体心理状态在线调查

网络调查能更方便、更全面、更客观地掌握面对疫情大学生群体的心理状态，是一种有效、方便、迅速地调查方法。在这一部分中我们简要总结、分析了一些调查结果，供大学生群体及相关人士参考。

一、调查概况

为心理战“疫”及科学防控提供数据支撑，及时了解大学生群体、住培医师在新冠肺炎疫情期间的心理行为状况非常必要。河南省精神卫生中心（河南省精神病医院，新乡医学院第二附属医院）潘苗、张三强、周升生、从痛快等针对此次疫情的特点，分别设计了包含 78 个条目的疫情期间大学生群体心理状况调查问卷，以及 81 个条目的疫情期间规培生群体心理状况调查问卷，借助互联网工具对全国各省份开展线上调查。调查内容分为一般情况、流调用抑郁自评量表、焦虑自评量表及简易应对方式问卷，以全面了解大学生群体在新冠肺炎疫情下的心理行为状况。

二、调查结果及分析

（一）大学生群体

自 2020 年 3 月 4 日至 3 月 9 日，共获得大学生有效样本 3975 份。医学生是接受本次调查的主要人群，大学生群体人数占总调查人数的 56.7%。大学生群体的其他情况如性别、专业、年级、来自地区等（图 3-1、图 3-2、表 3-1、表 3-2）。

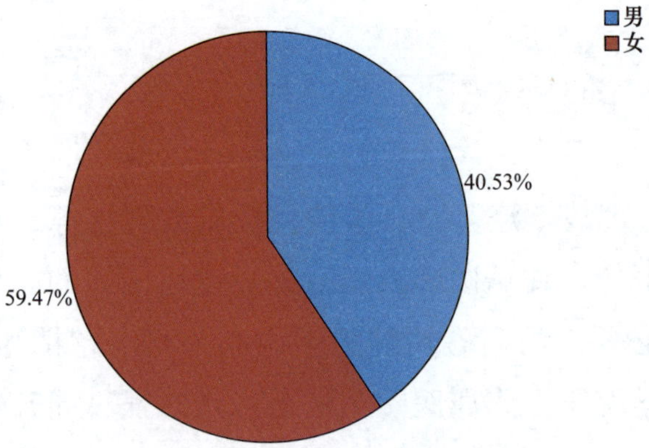

图 3-1　受访者的性别比例

表 3-1　受访者的年级比例

年级	频数	百分比（%）
大一	1090	27.42
大二	702	17.66
大三	777	19.55
大四	1133	28.50
大五	143	3.60
研一	7	0.18
研二	54	1.35
研三	65	1.64
其他	4	0.10
总计	3975	100.00

表 3-2　受访者来自的地区

省份	频数	百分比（%）
湖北省	32	0.81
浙江省	132	3.32
河南省	3143	79.07
江西省	4	0.10
安徽省	17	0.43
湖南省	11	0.28
重庆市	6	0.15
山东省	32	0.81
四川省	23	0.58
其他省份	575	14.45
总计	3975	100.00

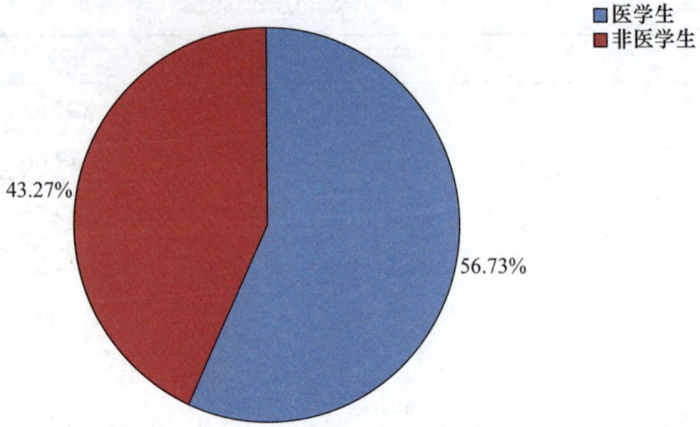

图 3-2　受访者的专业比例

受访的 3975 人中对疫情的关注每天超过 1 小时的有 1450 人，占比 36.48%，有 13.94% 的受访者出现不同程度的焦虑情绪，其中重度焦虑 0.30%、中度焦虑 1.31%、轻度焦虑 12.33%，26.82% 的受访者肯定存在抑郁情绪、12.63% 可能存在抑郁情绪（图 3-3～图 3-5）。

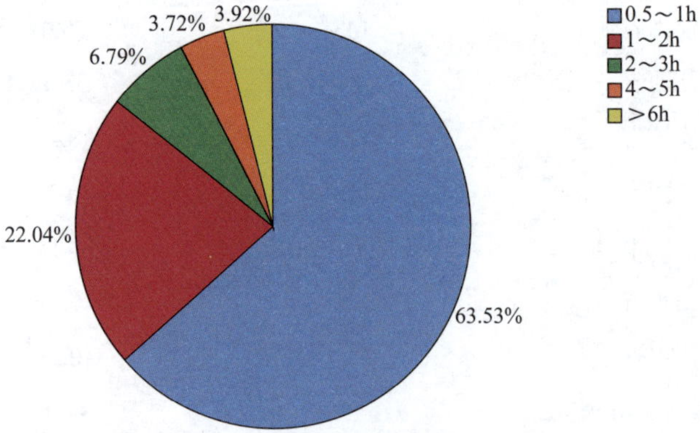

图 3-3　受访者每天对疫情的关注度

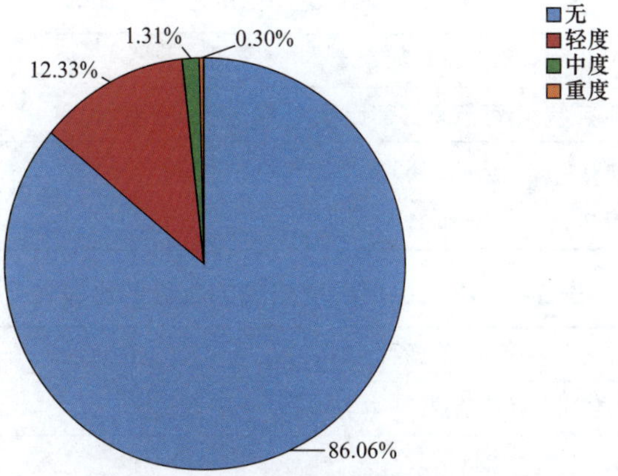

图 3-4　受访者焦虑情绪严重程度的分布

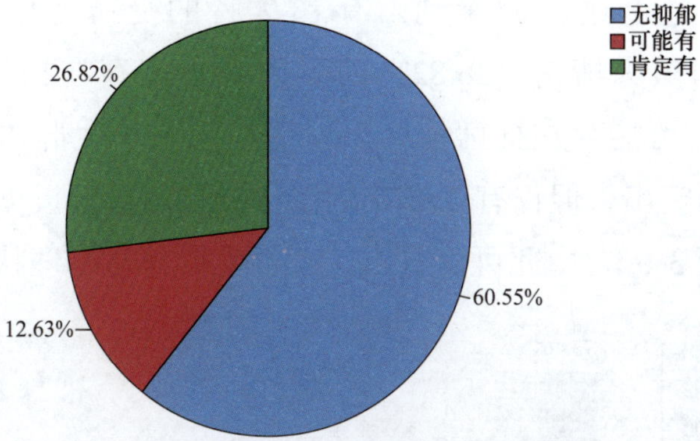

图 3-5　受访者抑郁情绪严重程度的分布

不同性别在焦虑情绪方面的差异有统计学意义，而在抑郁情绪方面男女的差异无统计学意义（表 3-3、表 3-4），因此在此次新冠肺炎疫情下，不同性别大学生的不同心理状态可以考虑分类干预。

表 3-3　不同性别出现抑郁的程度的比较

性别	抑郁程度			χ^2	P
	无抑郁症状	可能有抑郁症状	肯定有抑郁症状		
男	1000	185	426	3.989	0.136
女	1407	317	640		

表 3-4　不同性别出现焦虑的程度的比较

性别	焦虑程度				χ^2	P
	无焦虑	轻度焦虑	中度焦虑	重度焦虑		
男	1357	211	34	9	21.603	0
女	2064	279	18	3		

通过上述我们看到，有 13.94% 的受访者出现不同程度的焦虑情绪，26.82% 的受访者肯定存在抑郁情绪，12.63% 可能存在抑郁情绪，疫情期间大学生群体焦虑抑郁情绪突出，但仅有 4.93% 的受访者认为心理援助是必要的（图 3-6），由此可以看出，大学生群体对心理状况的识

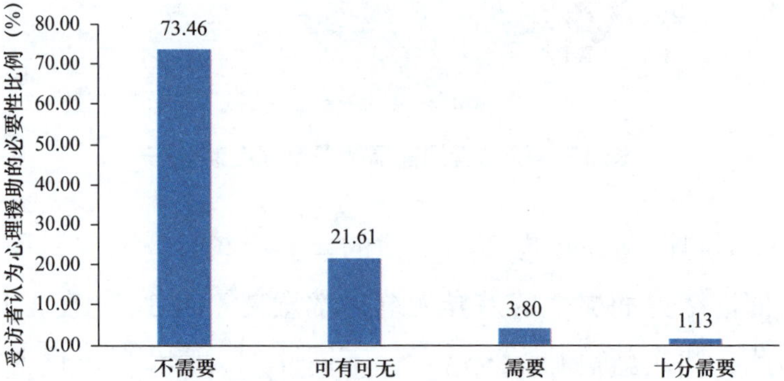

图 3-6　受访者认为心理援助的必要性分布

别度较低。需要加强对大学生群体的心理知识普及，帮助他们有效识别心理问题，学会一些自助的方法及如何寻求专业人士的帮助。

新冠肺炎对大学生生活产生不同程度的影响，详细结果如图 3-7 所示。进一步的分析显示不同性别人群反应不同，差异有统计学意义（$\chi^2=81.997$，$P=0$）（表 3-5），因此，在此次新冠肺炎疫情下，对不同性别大学生可以考虑分类干预。

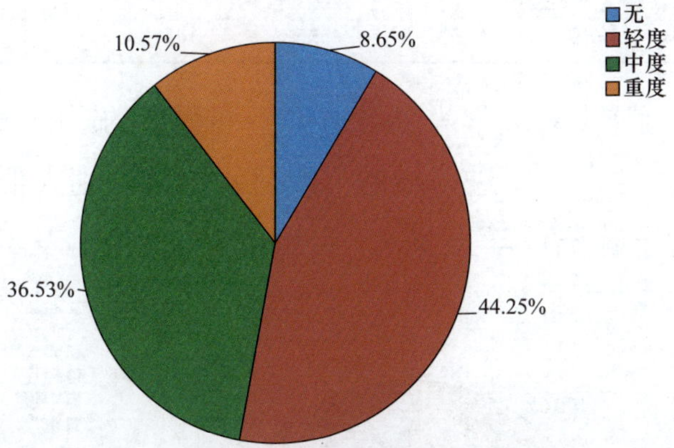

图 3-7　疫情对大学生受访者生活的影响

表 3-5　不同性别认为新型冠状病毒肺炎疫情对生活的影响比较

性别	新型冠状病毒肺炎对生活的影响				χ^2	P
	无影响	轻度影响	中度影响	重度影响		
男	173	621	577	240	81.997	0
女	171	1138	875	180		

通过进一步比较不同性别人群认为新型冠状病毒肺炎疫情下心理援助的必要性，发现不同性别人群对疫情下心理援助必要性看法不同，差异具有统计学意义（χ^2=37.223，P=0，表 3-6），更加明确在此次疫情下，针对不同性别分类干预的重要性。

表 3-6　不同性别人群认为新型冠状病毒肺炎疫情下心理援助必要性比较

性别	疫情下心理援助是否必要性的认识				χ^2	P
	没有必要	可有可无	必要	十分必要		
男	1171	337	65	38	37.223	0
女	1749	522	86	45		

新冠肺炎对大学生学习产生不同程度的影响，详细结果如图 3-8 所示。进一步的分析显示不同性别人群反应不同，差异有统计学意义（χ^2=30.488，P=0，表 3-7），因

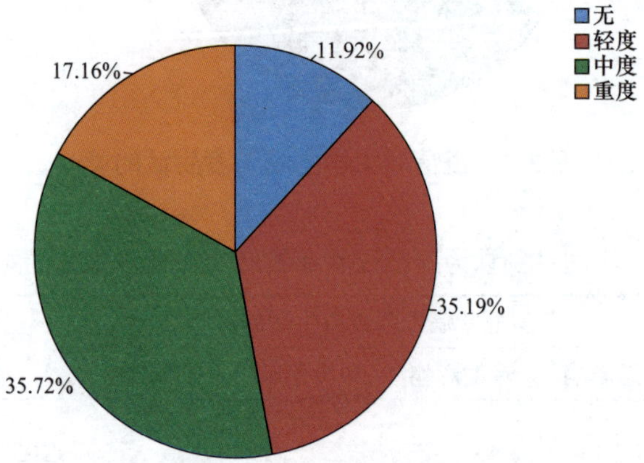

图 3-8　疫情对大学生受访者学习的影响

此，在此次新型冠状病毒肺炎疫情下，对不同性别大学生可以考虑分类干预。

表 3-7　不同性别认为新型冠状病毒肺炎疫情对生活的影响比较

性别	疫情对大学生学习的影响				χ^2	*P*
	无影响	轻度影响	中度影响	重度影响		
男	214	521	546	330	30.488	0
女	260	878	874	352		

（二）住培生群体

新冠肺炎疫情发生以来，所有医护人员不惧危难、勇敢逆行，用责任和担当诠释精诚大爱和医者仁心。这其中有一个特殊的群体——住院医师规范化培训学员。他们处于学生和医师之间的阶段，在临床的进行学习，是一类特殊的“大学生”。因疫情需要，大量医护人员支援发热门诊、隔离病房、定点医院、方舱医院等抗疫前线，战“疫”期间，有的住培医师坚守在病房一线的工作中。他们积极投身到防疫一线，用坚定的信念和情怀、不屈不畏的淬炼和成长践行每一名医学生的誓言“恪守医德、救死扶伤、不辞艰辛”，坚守在“抗疫”路上。

2020 年 3 月 4 日至 3 月 9 日，获得住培医师群体有效样本 1143 份。性别、身份、参加住培专业、参加住培年限、来自地区等，详见图 3-9～图 3-12，表 3-8。

表 3-8　受访者来自的地区

省份	频数	百分比（%）	省份	频数	百分比（%）	省份	频数	百分比（%）
河南省	809	70.78	贵州省	2	0.17	四川省	8	0.7
湖北省	110	9.62	河北省	5	0.44	山西省	3	0.26
安徽省	50	4.37	黑龙江省	5	0.44	山东省	14	1.22
北京市	2	0.17	湖南省	7	0.61	上海市	4	0.35
重庆市	14	1.22	吉林省	7	0.61	天津市	5	0.44
福建省	2	0.17	江苏省	46	4.02	陕西省	3	0.26
甘肃省	8	0.70	江西省	4	0.35	浙江省	2	0.17
广东省	4	0.35	辽宁省	4	0.35	云南省	1	0.09
广西壮族自治区	3	0.26	内蒙古自治区	2	0.17	新疆维吾尔自治区	19	1.66

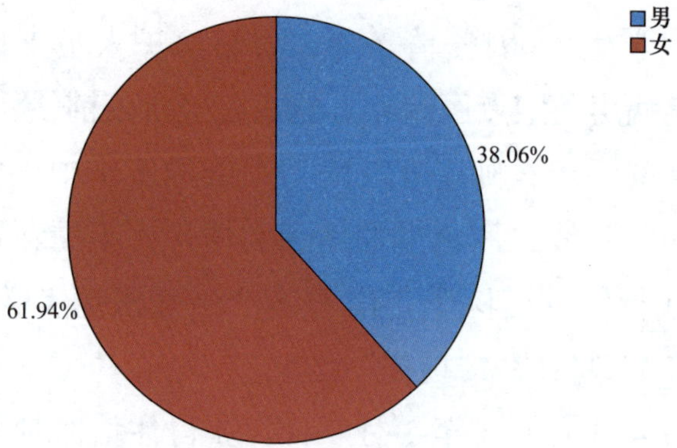

图 3-9　受访者的性别比例

新冠肺炎期间对疫情不同程度关注的受访者高达99.74%，其中总是关注占比45.49%、较多关注占比

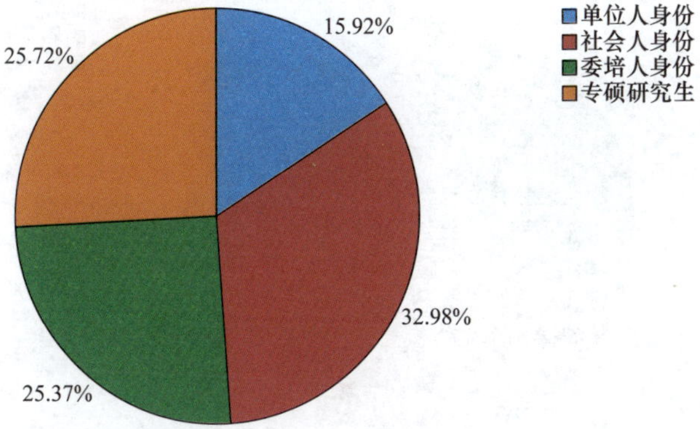

图 3-10 受访者的身份分布

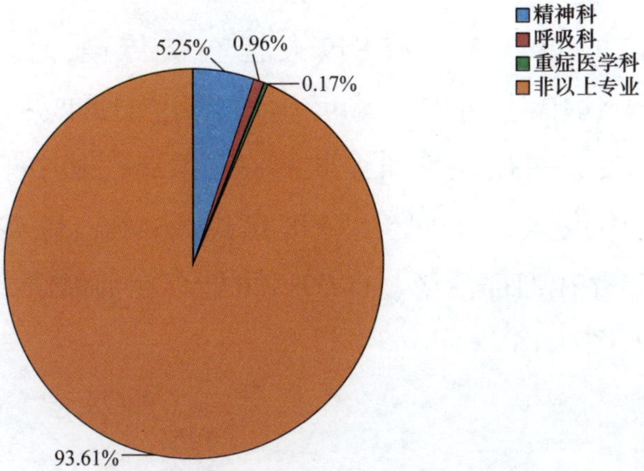

图 3-11 受访者参加住培的专业分布

50.31%、较少关注占比 3.94%，仅 0.26% 的受访者从不关注疫情，由此可见，此次疫情影响之大，但也有极少部分住培生从不关注疫情，原因有待查证，可能会造成疫情防控的漏洞。

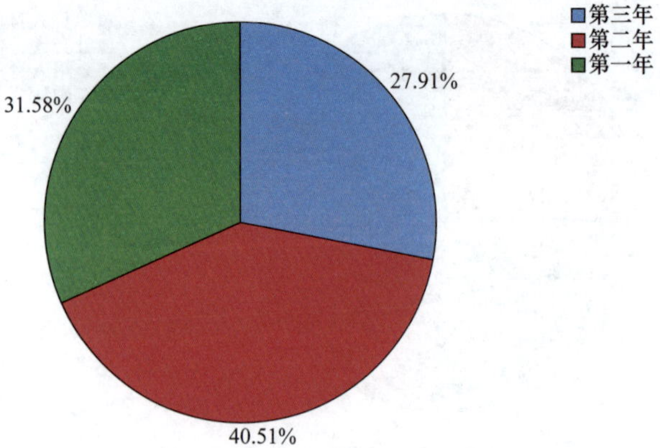

图 3-12　受访者参加住培年限的比例

受访的 1143 人中有 849 人担心被传染，比例高达 78.22%，其中达到中、重度担心的占 11.64%；同时有 9.36% 的受访者出现不同程度的焦虑情绪，其中重度焦虑 0.09%、中度焦虑 0.96%、轻度焦虑 8.31%，39.72% 的受访者肯定存在抑郁情绪、11.99% 可能存在抑郁情绪，详见图 3-13～图 3-15。

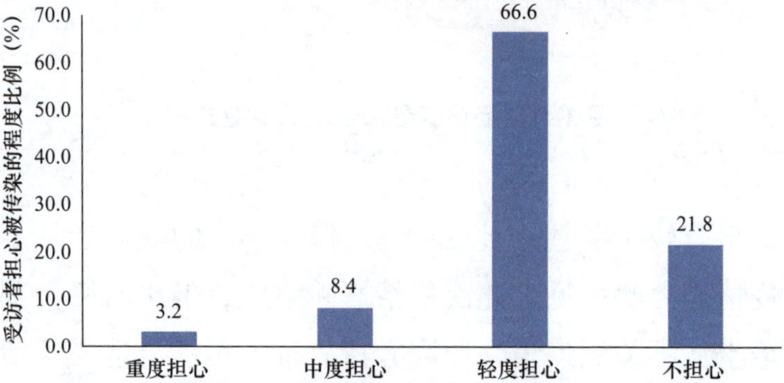

图 3-13　受访者担心被传染的程度

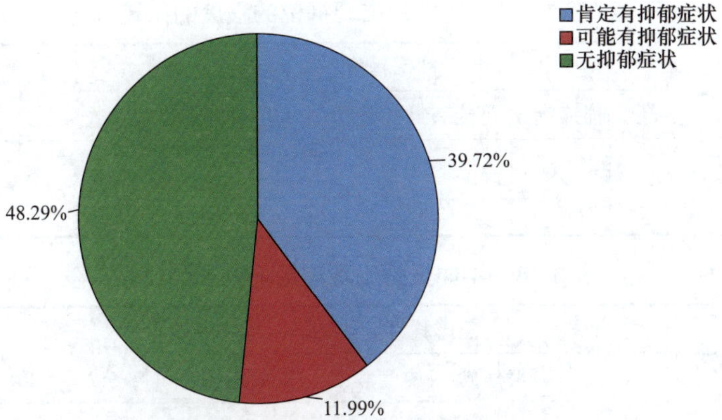

图 3-14　受访者抑郁情绪程度分布

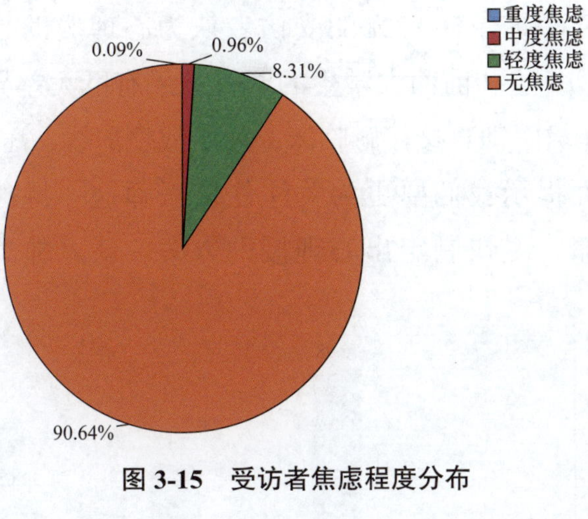

图 3-15　受访者焦虑程度分布

不同性别在焦虑、抑郁情绪方面的差异均无统计学意义（表 3-9、表 3-10），因此，在此次新冠肺炎疫情下，对不同性别住培医师的不同心理状态可以考虑相同干预，但如遇特殊情况仍需进行分类干预。

表 3-9　不同性别出现抑郁的程度的比较

性别	抑郁程度			χ^2	P
	无抑郁症状	可能有抑郁症状	肯定有抑郁症状		
男	225	50	160	3.379	0.185
女	327	87	294		

表 3-10　不同性别出现焦虑的程度的比较

性别	焦虑程度				χ^2	P
	无焦虑	轻度焦虑	中度焦虑	重度焦虑		
男	385	46	3	1	6.851	0.077
女	651	49	8	0		

我们看到有 50.83% 的受访者认为心理援助是必要的（图 3-16）。这和前面大学生的调查结果有巨大差异。一方面说明住培医师直接接触临床，处于战疫前线，压力巨大，另一方面提示我们要更为关注住培医师这一特殊群体的心理健康，尽快制定出心理援助方案。新冠肺炎对住培

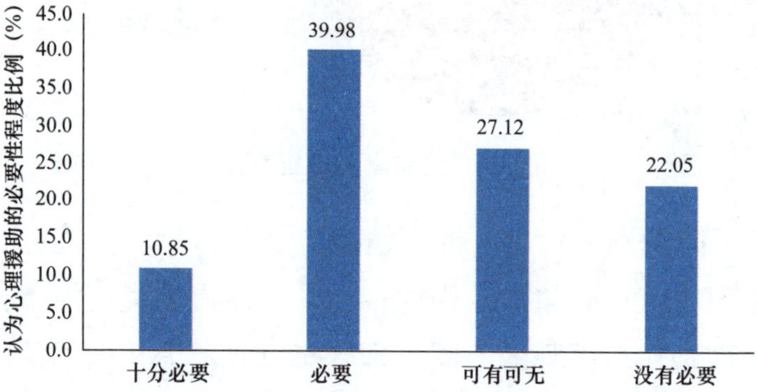

图 3-16　受访者认为心理援助的必要性程度

医师生活、住培任务产生不同程度的影响，详细结果如图 3-17、图 3-18 所示。

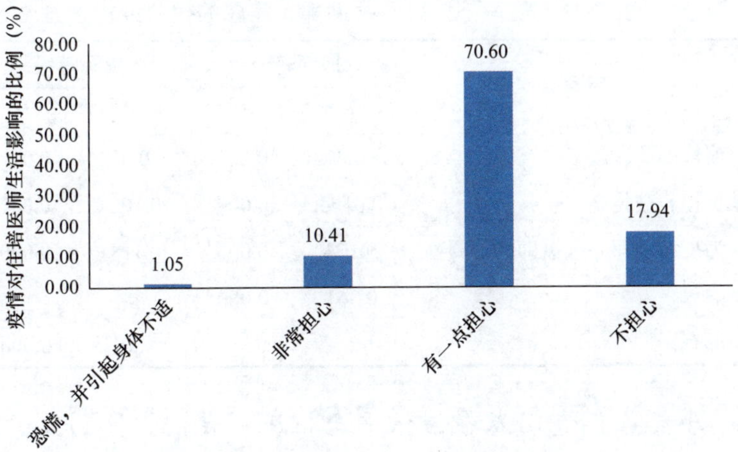

图 3-17　疫情对住培医师生活的影响

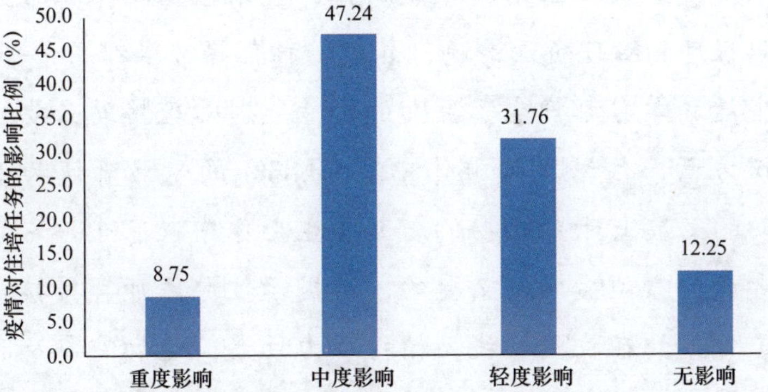

图 3-18　疫情对住培医师住培任务的影响

进一步的分析结果显示对疫情的关注度与抑郁有无存在极弱的负相关，是否担心被传染、认为心理援助的必要性分别与抑郁有无、焦虑程度存在极弱正相关，焦虑程度与抑郁有无存在若正相关（表 3-11）。

表 3-11　疫情下住培医师抑郁、焦虑的相关分析

因素	抑郁有无		焦虑等级	
	r	*P*	*r*	*P*
对疫情的关注度	−0.093	0.002	−0.052	0.077
是否担心被传染	0.0194	0.000	0.100	0.001
认为疫情期间心理援助的必要性	0.174	0.000	0.118	0.000
焦虑等级	0.361	0.000	—	—
抑郁有无	—	—	0.361	0.000

小结：调查问卷在微信平台推送，我们收集到大学生有效问卷 3975 份，住培医师有效问卷 1143 份，通过分析，我们发现此次疫情给大学生群体、住培医师群体都带来了不同程度的心理负面影响，焦虑、抑郁异常率都高于平常，对生活和学习都产生了巨大的影响。对心理援助必要性的认识方面，住培医师群体中有 50.83% 的受访者认为心理援助的必要或十分必要的。大学生群体中仅有 4.93% 的受访者认为心理援助是必要的，这提示住培医师直接接触临床工作，处在抗疫一线，精神压力巨大，迫切需要及时的心理援助。同时提示，大学生群体对心理状况的识别度较低，即使出现了较明显的心理问题，不知如何识别及应对，所以，在此提醒心理卫生从业者要增加对大学生群体及住培医师群体的关注，加强对其的心理健康教育，帮助他们

有效识别心理问题，提供有效的干预方法，为科学防控和保障大学生群体的身心健康贡献力量。

（潘　苗　张三强　翟德胜　从痛快　杨世昌）

第四部分

临床病例及分析

心理问题有大有小，当心理问题严重影响到社会功能时，如影响到了大学生的学习、生活质量、社交等，这时可能需要精神科医师的帮助，本部分提供了新冠肺炎疫情期间，精神科医师所接触的21例门诊或住院的病例及分析，相对于心理热线咨询病例来说，这部分病例严重程度较高，大部分到了需要医学干预的阶段，尤其应引起重视。

病例一　肉肉去哪里了？

果果（化名），19岁，女，大二学生，前来诊室咨询，诉自己近1个月内体重减轻了10 kg。自从新冠肺炎疫情发生以来，小区实行防控，不能随意外出，开始出现情绪低、自卑，少语，总感觉高兴不起来，容易心烦，上网课注意力不集中，喜独处。每天都觉得心烦，易发脾气，和母亲争执时有毁物行为，情绪低落，懒散被动，不愿活动，缺乏动力，精力和体力下降，记忆力下降，无食欲，饮食不规律，夜眠浅，早醒。

分析：患者由于疫情导致长期居家，社会交往减少，娱乐减少，自由受到限制，很容易滋生抑郁情绪。另外各种信息渠道接收的疫情负面消息，也促进不良情绪产生。要学会辩证认识抑郁，在疫情下产生抑郁情绪及存在某种程度的无力感时，要寻求帮助，寻找自己可利用的资源，向自己的朋友及家人倾诉，及早发现，及早治疗。

病例二　下一秒心跳停止

白白（化名），21岁，女，大四学生，前来诊室咨询，诉自己平时喜欢运动，自从疫情发生以来，村里实行防控，不让串门，自己今年研究生没考上，担心工作没有着落，开始出现阵发性心慌、心跳加快、胃部不适，持续十几分钟后自行缓解，后来多次发作，感觉心脏快要停止跳动，手心和脚心出汗，为此担心紧张，觉得下一秒心跳就会停止，自己马上要死掉。曾拨打“120”被救护车送至当地医院，医学检查无异常，今来诊。

分析：白白的上述表现为急性焦虑发作，遇到情况不明、存在危机之时，焦虑、恐惧就会悄然出现。焦虑如果适当，它就会成为“助燃剂”，促使我们快速调整，尽快适应、应对当前的局面；但如果焦虑过度，就会让我们身心功能失调，出现障碍。要尽量做到允许焦虑、恐惧的存在，转移注意力。

病例三　我是不是得了新冠肺炎？

凡凡（化名），20 岁，男，大二学生，前来诊室咨询，诉自己半个月前患感冒，发热，最高体温 38℃，血常规检查结果显示白细胞计数升高，胸部 CT 检查结果显示无异常。凡凡总是会不由自主地刻意去感受自己有无任何不适，自己有没有新冠病毒肺炎相关特征性症状，以此来消除可能被感染的担忧。担心自己患上新冠肺炎，担心会把病传染给自己的家人。天天查新冠肺炎方面的信息来与自己的症状比对，虽然体温恢复正常，仍感觉自己呼吸道有问题，自觉身体不适。

分析：凡凡这样来来回回地扫描反而促成目标症状很快进入感知圈，进而被放大、被证实。让自己担忧更甚，感知更敏感，扫描更频繁，随之症状越发明显。要打破这样的恶性循环，消除这种痛苦。当看到信息报道的症状或恰好身体表现某些症状时，在控制不住进行自身对照时，不妨也反复提醒自己这只是信息，尽量不要去一一感受或体会新冠肺炎症状发作时的情况。尽可能转移注意力，去想其他事情，回避进一步求证。

病例四　我想要自由

糕糕（化名），20岁，大三学生。糕糕性格活泼、开朗，爱交朋友，在校期间积极参加多种社团活动。2020年寒假期间受新冠疫情影响，小区实行隔离防控措施，糕糕只好每天和妈妈一起在家隔离，整日玩手机、看视频，也因此引发了母女间的矛盾。妈妈每天除了变着花样给孩子做好吃的，还拿出多本励志书籍要求糕糕看并学习这些品质。比如要像海伦·凯勒一样坚强，学习保尔·柯察金钢铁般的意志和毅力等，这使得糕糕对学习和看书的抵触情绪强烈。疫情期间，学校利用网络视频教学给学生们上课，糕糕却无法静下心在家学习。在入院10天前，糕糕与母亲因为学习的事情发生冲突，逐渐感觉在家不安全，恐惧害怕，将屋内的门窗都紧锁，晚上不敢一个人睡觉。经常无故发脾气，打砸家中的物品，将自己和母亲的手机摔在地上，不听家人的劝说，甚至打骂家人，责怪母亲对自己管教太严。渐渐糕糕变得敏感多疑，总觉得别人在背后议论自己和针对自己，认为网上的信息也是在对自己含沙射影。有时在家里上蹿下跳、大喊大叫，说话内容不被家人理解，爬到桌子上走来走去，说想要自由。病情严重时，糕糕拒绝吃饭、拒绝上网课，晚上只睡3小时左右。糕糕的母亲到我院门诊求助，门诊以“急性精神分裂症样精神病性障碍”收入院，进行系统治疗。

分析：糕糕在疫情期间隔离在家，并在日常生活中与母亲摩擦不断，引起一系列精神病性症状。精神检查中发现糕糕情绪不稳定，易激惹，言语条理性差，存在冲动言语及行为，敏感多疑，存在被害妄想及关系妄想，行为紊乱。孩子在疫情期间长时间与父母相处，社交及娱乐减少，而双方又缺乏有效的沟通和互动方式，加之父母对孩子管教严格，最终导致“战火”升级。有时过度地关注和爱也会成为孩子的负担，家庭矛盾便成为是精神障碍的诱因。家人如发现有异于日常的表现，切不可大意，应及时寻求专业人士的帮助；大学生应掌握与家人相处的适宜方式，及早进行药物及心理治疗。

病例五　要求完美的人

良良是某高校的大一学生，从小便对自己的学习和日常生活要求严格，做事要求完美。进入大学后，良良仍处处要求完美，这给他带来不小的麻烦，导致他无法适应学校的集体生活，逐渐出现话少、孤僻，不愿与同学交流，课余时间多独自待在宿舍看书。因良良平时极少与人交流，遇事总是一个人反复思考，有时看见白色就想到黑色，看见筷子就想到盘子，看见苹果就会联想到苹果是什么味道的、苹果在哪里长等问题，控制不住自己反复想一些没有意义的事情。这使良良感到非常痛苦，经常心烦急躁，晚上睡眠时间也减少。发病后，良良多次到心理门诊接受治疗，并遵医嘱坚持服药，强迫思维明显减少，焦虑情绪也得到改善。由于疫情影响，良良通过网络和电视接收了大量与新冠肺炎相关的信息，加之无法按照约定时间去心理门诊接受治疗，备在家里的药也吃完了，不仅之前那些无法控制的想法再次出现，又出现了反复洗手的症状。在家隔离期间，良良担心自己及家人会感染上病毒，开始反复地洗手，即使不出门，双手不接触任何不干净的物品，也会反复洗手，反复清洗衣服、餐具及水果，逐渐泛化到反复穿脱衣服，反复开关电源，反复询问疫情。良良自己也觉得反复思考问题及重复动作毫无意义，并为此感到心急烦躁，但是不做的话又放心不下，心里感觉更难受。

分析：良良存在强迫思维及强迫行为，明知道没有必要，却又控制不住自己的脑子和行为，并因此感到痛苦，患者具有明显的反强迫意识。强迫障碍患者通常对生活中极其常见或简单的事物和现象过分关注，反复思索，因知道自己的追根究底没有意义，却无法停止，并因此产生强烈的焦虑情绪，有时为了缓解痛苦的情绪，患者往往以一些行为来消除自己的不安，也就逐渐形成强迫行为，严重者可能影响自己的日常生活及工作学习。

病例六　我还能快乐吗？

小岳，24岁，男，研究生在读，2年前顺利考上某高校的硕士研究生，勤奋好学的小岳入校后就积极参与老师的课题研究工作。1年前开始独立开展课题研究后，因压力过大经常发愁、感到疲乏无力，整日唉声叹气、无精打采。自觉能力下降，思维也变得迟钝。渐渐地小岳觉得自己反应变慢，有时一件事要反复思考才能想明白下一步该怎么做，记忆力及执行力也下降，不仅自己的实验无法正常进行，连老师安排的工作也无法像往常一样做好。小岳开始变得自卑，觉得自己不如别人，对未来毕业、论文、找工作等事情也失去信心，不愿与同学交流，以前喜欢的事情现在失去兴趣，整日卧床，甚至出现了一些消极的想法，想要“一死了之”。起病后，小岳经常失眠、早醒，觉得腹部发凉、打嗝、食欲下降，逐渐开始消瘦。同学、朋友和家人都劝小岳想开点，不要给自己太多的压力，也经常喊他去户外散心，可是小岳没有丝毫好转，反而越来越悲观消极。

分析：小岳病程为1年，存在明显的情绪低落、精力下降及兴趣减退、自我评价降低、无望感及认知功能损伤，伴有睡眠减少、早醒、食欲缺乏及体重下降等症状，意志活动减退，甚至出现消极想法。这些症状都指向精神科的一种常见疾病——抑郁症，其主要临床表现有情绪低落、思维迟缓和意志消沉，常伴有兴趣缺失、快感缺失、自责自罪、认知功能障碍和自杀观念及行为，同时存在睡眠及食欲紊乱、性功能减退、精力丧失、消极情绪晨重夜轻，以及心慌、胸闷等躯体症状群。有些患者甚至还伴随幻觉、妄想等精神病性症状，多数患者自知力完整，有求治需求。尽管抑郁症的发病率逐年递增，但仍然有一部分人对该病认知不多，患者经常被家人或朋友当作是心情差、心眼小、想得太多，认为出去散散心、想开点就好了，有些患者直到出现危及生命安全的消极行为后才被重视。所以遇到类似情况时应采取积极的措施来应对，及时寻求专业人员的帮助，及早进行心理干预及药物干预能使患者早日走出困境。

病例七　我要当数学家

默默是一名大四学生，在校期间学习成绩较好，曾按照学校的安排到美国交流学习，但日常生活中不愿与周围人交流，性格孤僻，总是独来独往，在外上学期间极少与父母进行感情交流。由于对数学的热爱，默默想要到法国读研究生继续深造，经过自己的努力最终收到来自法国某高校的录取通知书。自此，默默感到心情极好，认为自己的潜力被法国人发现，能成为世界一流的数学家，并且自己去办理了签证等出国手续。默默回到家中准备出国需要的物品时，家人却认为孩子变得和以前不一样了，经常对父母视而不见，拒绝参加家庭聚会，连最疼爱自己的爷爷奶奶也不理，无故发脾气，不让家人进入自己的房间，有时半夜在房间看书，或者独自到外面散步。之后家人在室友那里了解到，默默上学期间非常节俭，每天只吃泡面，不买新衣服。认为别人赠予的物品是别人自愿送给自己的，不需要回报，不懂得人情世故。默默在大学时曾喜欢一个女生，要求此女生坐到自己旁边上课，但遭到拒绝，从此便不再去上这门课。父母认为孩子有些异常，不允许默默去法国读书，还要送他到精神病医院接受治疗。就在去医院的前一晚，默默出手打了父亲。入院后，医生追问其病史得知，默默自幼就是班里的优等生，不爱说话，朋友也不多，不与家里的长辈亲近，家人认为其性格内向、不善言辞，在学习上对他严格要求，在生活中则有求必应。到外地上大学后，默默几乎从不主动与家人联系，面对家人及朋友对自己的关心也无相应的情感流露。默默作为一名大学生，曾到快餐店打工、送外卖，当听说开叉车能挣钱，又交一万多元学费去学开叉车，但是这些工作都不能坚持，总是做到一半就放弃。曾在学校租房子准备考研，不到一周又说自己要出国，做事情经常虎头蛇尾、不计后果。交谈中默默表示自己要当数学家，只有去法国才能实现自己的理想，并且称不依靠父母要自己筹钱去法国，不愿再回国。平时没有任何娱乐活动，只想研究数学，经常以自我为中心，认为自己成年后就和父母没有任何关系，对父母漠不关心，对医生的鼓励或批评也无动于衷。被问及依靠什么来筹钱时，默默说要凭借自己的自私和任性。有时想法离奇，推崇“唯心主义”，对自己出国的事情没有任何相应的计划，称自己不出国就辜负了法国人，认为会有法国人无偿支持自己求学，不需要考虑家人及朋友的感受，坚持自己的想法。

分析：回顾默默地成长经历，其缺乏对他人表达温情及愤怒情绪的能力，除了学数学没有能使自己体验到愉悦的事情，对人冷淡、情感淡漠，对批评和表扬都无动于衷，没有亲密的朋友，经常我行我素而自得其乐，并且明显无视社会常规及习俗，有明显的认知歪曲，认为自己没有必要赡养父母。以上症状均提示默默患有分裂型人格障碍，该病没有明确的起病时间，始于童年或青少年，以情感冷漠及人际关系明显缺陷为特点，成年期渐渐显著，形成持久的、固定的、泛化的异常行为模式。童年生活经历及教养方式不当都会影响个体人格的形成，甚至发展为精神疾病。人格障碍治疗效果有限，预后欠佳，因此在幼年时期培养健全的人格尤为重要。父母是孩子的第一任老师，在孩子的成长过程中，父母应格外关注孩子的情绪、行为及心理变化，营造一个温馨和谐的家庭环境有利于孩子的心理健康，必要时可求助专业人员进行适当的家庭治疗、认知治疗、行为治疗等不同的心理治疗方法。

病例八　坚持要出国留学的女孩

玲玲（化名），女，21岁，大学三年级学生，患病前性格开朗、好交际、多疑、敏感。父母体健，其奶奶患精神分裂症病史，具体服药不详，效果可。个人成长史：独身女，从小乖巧可爱，懂得体谅父母，父母因工作繁忙，平时姥姥照料其日常起居，父母下班后及时给父母亲端茶倒水，嘘寒问暖，是父母亲心中的“小棉袄”，从小学习成绩优秀，在班级和学校都是佼佼者，父母亲以此为荣，父母亲均为高中学历，有心把孩子培养成高才生，并送其到国外留学，成为天之骄子。

现病史：近1个月以来因新冠肺炎疫情在居家隔离期间，表现亢奋，认为自己肩负重任，要求家人给其办理出国手续，认为国内的学校自己不能适应，只有到国外才能很好地发展，才能有前途可言，和亲人关系紧张，认为其爸爸无故打骂自己，对自己态度不好，从小与表姐关系要好，但现在其表姐也没有维护自己，认为表姐和爸爸一起欺负自己，认为他们在笑话自己，为此不与爸爸和表姐说话。认为妈妈的言语伤害到自己，感觉父母舍不得给自己花钱上学，不是真正地想让自己出国留学，表现为情绪不稳，易激惹。家人做事必须按照她的要求进行，父母亲一且不顺从其意愿，就大发脾气把家里的家具都毁坏了，将沙发、窗帘、床垫都剪毁损；认为自己能力强，能当物理学家，要研究延缓衰老的药物，让妈妈保持年轻；要求自己上英国的学校。家人为求进一步治疗来医院，门诊以“心境障碍”收住院。起病后饮食好，夜眠欠佳，大小便无异常，病后体重无明显变化，病史中有明显的冲动言行，无消极言语及行为。

既往就诊史：1 年前上大学三年级后逐渐出现人际关系紧张，认为自己交际能力差，与宿舍同学关系不融洽。上课时老师发现她看其他科目的书，惩罚其到教室外面罚站，认为老师不尊重自己，不能正常学习。调整宿舍后仍与舍友关系不融洽，为此不愿上学，也跟不上学校的学习进度。曾来门诊就诊，诊断“抑郁症”，给予心理疏导和小剂量抗抑郁药物，服药后睡眠较前改善，情绪较前稳定，已停药半年。

分析： 入院后诊断为双相情感障碍，目前为伴精神病症状躁狂发作，给予喹硫平每天 700 mg，碳酸锂缓释片每天 0.6 g 联合心理认知疗法治疗，住院 30 天后出院。出院时情绪稳定，之前总认为别人的做法不对，自我评价过高，过于相信自己，但经过住院治疗，清楚地认识到之前自己想法的错误，导致自己耽误学业，让家人蒙受了委屈，自己今后要实事求是、脚踏实地地做事，认真配合治疗。也认识到并不是只有出国才有未来，只要自己有能力，是金子总会发光。

病例九 我是“阿弥陀佛”

安雅（化名），21岁，大二学生。家中有3个孩子，排行老二病前性格合群、乐观、开朗。奶奶有精神病病史，未治疗，已痊愈。个人成长史：患者自幼争强好胜，喜欢与姐姐比较，希望自己什么都比姐姐强，自小聪明可爱，与姐姐是别人都羡慕的一对姐妹花，与弟弟相差10余岁，对弟弟关怀备至，对父母体贴温柔。在新冠肺炎疫情居家隔离期间，近2周家人发现其话少，无缘无故退出学校班级群，说姥爷是大熊，是坏人，认为姥爷已经去世，胡言乱语，说话让家人难以理解。有时无故觉得紧张、害怕，有不安全感，感觉有鬼神跟踪自己。相信前世因缘，认为自己是佛祖，自己是“阿弥陀佛”，可以普度众生，行为怪异，认为别人身上有鬼，自己可以帮人驱除鬼神，让家人叫她“阿弥陀佛”，认为父母是自己仆人，让家人伺候自己，可以给家人增加功德。行为怪异，用开水浇花，认为是在救花朵。存在幻视，自述能看到鬼神，为此紧张害怕，自己随身携带佛珠来辟邪，说神道鬼，认为自己是佛祖，自己能驱邪，能拯救大家，述自己母亲被“狐媚”附体，受其支配，母亲伺候自己，自己可以帮其除妖降魔。自己可以看到邪恶的东西，能看到别人身上有老鼠、有蛇，自己有法力，能帮助他们，可以拯救大家，认为自己拥有超能力，所以可以看到大家看不到的东西。认为医生也和自己一样，前生是菩萨，为求治疗，家人送其来我院。发病后饮食夜眠欠佳，大小便无异常，病后体重无明显变化，病史中无明显消极言行，偶有冲动言行。

既往史：3 年前上高中分到理科班后感觉学业不如意，之后逐渐出现敏感多疑，抱怨父母没有给自己好的建议，感觉父母与她不亲密，对姐姐和弟弟好，因为小事与父母发脾气，无故哭泣，反复纠结过往很小的事情，述父母对自己不好；曾在北京安定医院门诊检查，诊断为抑郁症，但未服药，病情时好时坏，尚可维持正常学习生活，成绩较前下滑，认为高考成绩不理想，坚持要复读，考出更好的成绩。因姐姐在南开大学，述自己不能比姐姐差。高三复读时，病情时好时坏，上学也是间断，复读后考入河北大学，仍认为自己考的不理想，自己从小的理想就是考上北京大学，家人述如未患病，孩子的成绩是可以考上的。上大学期间为了得到别人的关爱，交了男朋友，但因为小事经常与男友争吵，最终导致分手，之后认为前男友说自己坏话，诋毁自己，为此很伤感，心烦。

分析：入院诊断“双相情感障碍伴精神病症状躁狂发作”，住院 34 天，服用“奥氮平 20 mg/d，阿立哌唑 30 mg/d 联合心理治疗，”出院诊断为“痊愈”后出院。出院时幻觉消失，思维内容正常，谈及病史中的“阿弥陀佛”的事情，述自己当时感觉自己能力强大，认为自己可以帮助别人，述自己想得到父母亲的关注，从小性格要强，争强好胜，为了博得父母喜爱，自己凡事都做得尽善尽美，让自身变的很强大，才能得到家人的关注，但父母亲仍忙于工作，对孩子采用“放养”模式。安雅认为父母对自己冷淡，不关心，因此情绪低落，抑郁，经过住院心理疏导，认识到自身的疾病，已放下对父母的心结。

病例十　久违的笑容

山山（化名），男，22岁，大四学生，家中共有3个孩子，排行老二。病前性格孤僻、胆怯、多愁善感、缺乏决心、自卑、少语、不好交际、温和。姥姥有精神病病史，具体诊断不详，已痊愈。个人成长史：患者自幼少语，父母均为农民，文盲，与孩子几乎没有心灵交流，只能给孩子提供基本的物质需求，为此自感很孤独，没有安全感。

患者7年前在上初三期间开始出现学习困难，认为同学总无故笑话自己，患者因此感觉自己不正常，不敢与人主动接触。自我评价低，认为周围同学都不喜欢自己，都不愿和自己交往，为此心情不好，开始出现想死的念头。因无法正常学习，高一休学一年，之后返校，但学习成绩仍不理想，不敢与同学正常交往，与人交往时总感觉紧张，不敢直视对方的眼睛，自卑，觉得自己脑子笨，反应迟钝，做事效率低，缺乏自信，为此反复洗衣服、洗澡，但认为自己洗不好，洗不干净，洗到自己筋疲力尽才罢休。容易紧张、焦虑，觉得自己前途灰暗，绝望。曾站在教学楼上打算自杀，最后因害怕同学笑话而放弃。家人未重视，也未送其治疗。高中生活结束后，考上自己认为不太如意的大学。大学校园的学习压力减轻很多，在大二时开始做心理咨询，患者自感自信多了，不再总是有自杀的想法，感觉自己重获了自由，自己由衷地为可以正常学习、能与同学开始正常交往而开心。

1 个月前在新冠肺炎疫情全民居家隔离期间，患者因担心害怕自己和家人感染疾病，担心自己可能会感染病毒后连累别人，为此烦躁、焦虑，夜眠差，反复思考此事，总是胡思乱想，觉得自己哪都不好，再次有了轻生的念头，并反复在脑海中蹦出，有时好像大海的潮涌一样，冲击着自己的心灵，让自己难以走出困境，偶尔能自我调整，但大多数时间在痛苦的漩涡内难以自拔，感觉绝望，觉得前途灰暗，不愿说话，不愿活动，日常起居都不自理，觉得自己邋遢，不愿出门，反复有想死的念头，因担心家人会痛苦，一直未完成自杀。为求进一步治疗，患者在家人陪同下来院，门诊以“抑郁发作”自愿住院。患者起病后饮食差，夜眠好，大小便无异常，病后体重无明显变化。病史中无明显的冲动行为，有消极言语。

分析： 入院诊断为不伴有精神病性症状的重度抑郁发作，服用艾司西酞普兰 20 mg/d 并联合心理认知疗法，住院 51 天后出院。出院时患者情绪稳定，脸上洋溢着笑容，对医护人员倍加感谢，感谢医院给了自己第二次生命，让其理解了自己生命的意义，之前总想得到家人和周围人的关爱和关注，认为自己是没人疼爱的孩子，为此消沉抑郁，险些酿成终身大错。经过医生细心的心理疏导，理解了父母的不易，父母虽为农民出身，没有文化，给予不了自己太多的精神抚慰，并非不爱自己。自己已经是大学生了，要对自己的人生负责，要活出自我的价值。

病例十一 “瘫痪”的女孩

默默（化名），女，18 岁，大学一年级学生。病前性格内向、少语、不爱好交际、不合群、性格温和。8 岁时行“房间隔缺损修补术”，胸部正中遗留约 10 cm 手术瘢痕，之后担心自己前胸的瘢痕被别人看到，自小喜欢穿中性的服装，未穿过裙子。家中有 2 个孩子，还有一个年龄相差 10 岁的妹妹。母亲是初中语文老师，父亲长期外出打工，自小由母亲照顾，与父亲关系欠融洽。

半年前因买裙子后父亲认为她穿着不好看，训骂后逐渐出现情绪低落，哭泣，饮食差，任何事情都不愿做，提不起劲，出现消极观念，有自杀倾向，希望自己死后将器官捐献，母亲给其心理疏导后能正常生活和学习。近 1 月余在新冠肺炎疫情期间，出现咳嗽、流涕、咽痛等症状，医院检查后提示为普通感冒，医生嘱其多休息，多饮水，对症治疗即可。但其担心自己患上新冠肺炎会被隔离，之后逐渐出现饮食差，呕吐，曾在当地医院内科治疗，诊断为“低钾血症、低血糖”，住院治疗 3 天后出院，后因其与父亲争吵再次出现病情波动，同时出现食欲差，呕吐症状，之后就诊于当地医院的精神科，诊断为抑郁障碍，服用舍曲林 100 mg/d，利培酮 0.5 mg，住院 7 天，治疗期间不会翻身，不能正常行走，后出院转入神经内科治疗，诊断为亚急性联合变性，经对症治疗后可以正常翻身，但仍不能正常行走，后行四肢肌电图、全身肌肉平扫、头颅 MRI 等检查，未发现明显异常，诊断为“行走困难，贫血”，住院 10 天，病情无改善出院，出院后自行在家行针灸治疗，治疗后病情逐渐加重，双腿无法抬起，不能站立，出现双下肢“瘫痪”，但可蹲下用手拽着腿往前挪着走。来我院就诊，行双下肢肌电图检查未发现异常，门诊以“癔症性精神病”收住院。

入院后医生给予小剂量抗精神病药物和抗抑郁剂喹硫平 50 mg/d，米氮平 7.5 mg/d，并给予心理暗示治疗，鼓励患者在家属搀扶下试着行走，患者逐渐可缓慢站立，扶着墙可缓慢行走，随后几天在家属陪同下逐渐恢复正常行走，住院 20 天，患者躯体不适完全缓解后出院。

分析：本病例在心理认知疗法中发现患者从小比较自卑，父亲常年在外打工，且与母亲经常有争执。为了得到家人的肯定和认可，患者自小性格温顺，总是争着抢着做家中的重活，父亲不在家时主动承担家中修理水电等工作，在新冠疫情居家隔离期间，给家人做饭，感觉一家人在一起很开心，从患者的成长经历中可以看出患者总是从付出中体会自己的价值，小心谨慎地维护着自己的自尊心，掩盖着自己的自卑心理。患者正值青春年华之际，鼓足勇气第一次尝试穿裙子却遭到父亲的责备，患者自卑心理赤裸裸地展现在别人面前，这让患者确认自己是丑的、不被认可的，患者的自尊心受到严重的打击，让患者从小建立起的防御机制彻底崩溃，心理上的重创无处释放。“汹涌的潮水”即转化为躯体不适，呕吐、进食困难，最后导致双下肢“瘫痪”，不能行走，至此能力达到了平衡，患者认为这就是自己的结局，自己已无药可救了，于是极力反对治疗，认为越治疗病情越严重。经过医生的心理疏导和暗示治疗，重塑了患者的认知，并辅以小剂量药物，最终让“瘫痪”的女孩成功地站立起来，重获新生。

病例十二　父母的“和事佬”

媛媛（化名），18岁，大学生，家中有一个弟弟。病前性格开朗、温和。奶奶有抑郁症病史，具体治疗不详，未愈。姥爷有癫痫病史，具体用药不详。个人成长史：患者自小乖巧可爱，聪慧，是父母亲眼中的好孩子。父亲整日忙于生意，与家人聚少离多，母亲在家维持家庭的日常生活。

患者 10 个月前无明显原因及诱因出现精神异常，最初表现心慌、上不来气，心跳加速，半小时左右能自行缓解，情绪低落，上述情形大约 1 个月发作 1 次。家人问其原因，患者自述担心学习成绩不理想，不能适应大学的生活。患者逐渐情绪低落状况日渐加重，愁眉苦脸，不愿说话，不愿交际，常自责、自罪，自我评价低，认为自己是家庭的负担，觉得活着没意思，脑子里反复出现与死亡相关的念头，认为自己活在世上是多余的人，曾多次用小刀划伤自己手腕处皮肤。同时敏感，多疑，怀疑有人跟踪她，担心有人要害她，入睡困难，失眠，患者要求家人带其看心理医生，家人带其到门诊治疗，诊断为抑郁发作，服用药物治疗，效果一般，尚可勉强维持学校生活，近 1 个月余在新冠肺炎疫情居家隔离期间，自己和家人整日待在家里，与弟弟在家通过网课学习，但在家休息期间抑郁情绪未见好转，反而逐渐加重，无法坚持上课，整日忧心忡忡，自责自罪，痛苦时用小刀划伤腕部，怀疑有人跟踪自己，要害自己，认为自己是家庭的累赘，认为只有自己死了家人才能幸福。门诊以“伴有精神病症状的重度抑郁发作”收入院，患病以来，饮食尚可，夜眠欠佳，体重未见明显异常，病史中有消极言行，无冲动言行。

分析：入院后给予舍曲林联合阿立哌唑治疗方案，并辅以心理认知疗法，住院44天后出院。在随后的心理治疗中发现，患者因父母关系不和，莫名担心父亲会害自己和母亲，认为父亲对自己的关心是伪装的，对父亲缺乏信任感。当父母未满足自己的要求时，觉得自己没有受到重视，为此经常出现情绪波动。患者认为自己是导致父母不和的原因，生病后感觉家里气氛变得和睦，父母对自己格外关注。之后又开始担心如果病好了，父母又会对自己不再关注，父母又会争吵甚至离婚。还认为居家隔离期间父母对自己的好是伪装的，经过医生的心理疏导，逐渐认识到父母的问题大人自己处理，而不是让自己承担，即使父母真的因为感情不和，离婚了，自己也是父母的孩子，父母亲仍会爱自己，当心理顾虑消失后，又辅以小剂量抗抑郁药后痊愈出院。

病例十三　我的女儿怎么了?

小艾（化名）来心理咨询就诊，是医学院校大四学生，新冠肺炎期间正在医院实习，其认为自己感染风险大，渐起夜眠差，心烦，胡思乱想，抱怨，后悔自己做过的事情，自我贬低，自卑，不愿与人交流。急躁时摔东西，整日闷闷不乐，无法顺利完成工作，食欲差。时常认为家人在说她坏话，逐渐有厌世的想法，情绪差。家人带其到医院诊治。小艾在家里排行老大，家中有弟弟妹妹，对自己要求较严格，性格偏内向。

分析：医生发现该女生已达到了诊断抑郁症标准。经过抗抑郁、抗焦虑等药物及心理疏导，小艾逐步恢复到平时状态，能回溯自己起病诱因，新冠肺炎期间因在医院工作，害怕感染，压力大，感情方面也不顺利，从小艾的经历当中我们发现，学生在逐步迈向社会生活过程中遇到各种困难，加上自身经验不足，性格基础上会出现各种偏差。就小艾经历来讲，如果在工作或生活、感情方面遇到问题，及时告诉家人和朋友，寻求帮助，或者寻求心理医生帮助，则将更快、更好地调整自身状态。

病例十四　谁偷走了我的健康？

萌萌（化名）18 岁，大一学生，因新冠疫情居家时天天在手机上看相关新闻报道，近 1 个多月来，担心病毒传播到家里，反复消毒家里的东西，反复洗手，在家也戴口罩，害怕打开窗户，买回来的食物反复洗，每天都反复多次测量体温，并要求家人也这样做，因怕有病毒故意减少食量，心烦，急躁，常发脾气，睡眠差，近日几乎拒绝进食，已无法走路，被家人强制送到了医院。

分析：萌萌就诊时医生发现她把自己包得严严实实，

头上、脚上都用塑料袋包起来，拒绝他人靠近，害怕被传染。萌萌的问题是将问题扩大化，失去对事物的客观评价，遇到问题总往坏的方向想，没有反向思维，因为担心而回避一切，因为恐惧拒绝进食是“因噎废食”。经过开导，她已认识到即使病毒感染也不表示就会导致死亡，人体有自我防护能力，只有按要求做好防护及将心态调整到平衡，才是抵抗病毒最好的办法。

病例十五　离开他，我的世界还有什么？

小君（化名）今年 20 岁，大二学生，是被同学们送进医院的，同学述其前 2 天突然掉到没水的湖里，后来就紧张、害怕，不敢与人接触，再问小君近日发生的事情，同学说她男友这几天没和她一起，是不是有什么事，通过联系，其男友在电话中表示，他们已分手，几天前已结束了恋情。我们让其男友见她，希望能帮助她恢复健康，当她见到男友表示并不认识他，甚至将他们交往的这段时间的经历都忘得一干二净。

分析：小君的表现称为选择性失忆。当经历了严重创伤性体验时，身体出于自我保护，潜意识中会回避再受伤害，因而出现这种症状。小君目前可能处于急性应激状态，麻木、情感反应迟钝等分离症状明显，需要立即进行危机干预和心理治疗。

病例十六　我被附体了?

绵绵（化名）18 岁，大一学生，独生女，父母对她百依百顺。前几日因和同学发生矛盾，被老师批评教育后出现时而大哭，时而嘿嘿笑，出现“死去的奶奶附身”的幻觉。常诉身体不适，不愿上学，家人带其就诊。

分析：绵绵自小生活顺风顺水，未遭受过生活挫折，一旦被别人批评，内心抗拒，且自我化解问题能力差，内心冲突转化为精神症状表现出来，她描述的“奶奶附身替她抱不平”即是她潜意识外在的表达，而其躯体不适，也是内心痛苦的转化表达。由此看来，父母不要一味地满足孩子，而要培养孩子“抗打击”能力。

病例十七　没有了你，我的快乐还能有吗?

敏敏（化名）23 岁，研究生在读，半年前接连经历姥姥和姐姐相继去世，渐出现心情低落，不愿意触碰去世亲人的物品，怕回忆过往，脑海里常闪现出亲人去世时的场景，心中自责、愧疚。同时出现心慌、心悸、胸闷等各种症状，家人发现后，曾多次带她在当地医院进行相关检查，都未发现明显异常。近 20 多天病情加重，躯体不适症状明显，出现头晕、头痛、胸闷、心悸、心慌、憋气、手脚无力，食欲缺乏，夜眠差。跟母亲说话时认为有人在旁偷听，觉得自己被监视。感觉有人偷听自己不愿意说出去的事情并传播出去，觉得有人可能会伤害自己，虽然她自己内心知道这些都是不存在的，但是控制不住这些想法出现在自己的脑海中，当她发现自己与常人不同后主动来院就诊。成长史：敏敏自幼由父母抚养。有 1 个双胞胎姐姐，姐妹关系亲密，个性却不同，姐姐个性外向，做事果敢，有能力，是父母的好帮手，而敏敏则感情细腻，温和，做事常以姐姐的意见为准。家庭成员之间关系很融洽，生活美满。医生对其精神检查发现，敏敏接触交谈显得有些被动，自述不自主回忆姐姐去世的场景，不敢触碰姐姐的遗物，觉得别人在关注自己，觉得自己不安全，总觉得有人会知道自己信息而害自己，反复检查自己东西是否丢了，自责、愧疚、紧张，无愉快感，忐忑不安，不愿出门，不愿接触陌生人，活动明显减少，因而性格变得孤僻。

分析：从敏敏的病情来看，精神症状很丰富、多样。包括①抑郁情绪：自责、否定自我，愉快感丧失。②有强迫症状：反复检查自己东西。③有精神病性症状：敏感多疑，觉得不安全，觉得有人关注自己。④有躯体化症状：心慌、心悸、胸闷、乏力等。症状虽多，病因却起源于亲人的离世。临床上诊断为创伤后应激障碍。这些症状出现促成因素包括以下 3 个：首先，敏敏自小生活美满，没经过大的风浪；其次，敏敏个性细腻，失去亲密关系的人

（姐姐）让其悲伤，同时潜意识由于父母对姐姐的肯定让她想承担姐姐的角色而又否定自我，矛盾激发；最后，内心冲突得不到疏解，进而转化为精神症状表现出来。所以在生活中遇到突然的重大应激事件时，我们要及时进行疏导、化解，及时求助专业人员，问题越早发现越容易解决。急性应激障碍比创伤后应激障碍有更好的预后。

病例十八　我是谁？

阿宁（化名）18 岁，大一学生。1 个月前因同学怀疑自己偷东西而气愤，出现情绪不稳定，大哭大闹，指责他人；有时不语，不动，不能站立；有时胡言乱语，如“我不是我”“我是谁”。家人在当地用迷信方法治疗后能活动，有时话少，且话题显得刻板，反复问别人“你相信我吗？”。有时又自言自语，话多，乱语，严重时不认识母亲。有时看见什么字就念什么字，别人说话就学人说话。情绪不稳定，有时会乱抓家人，不注意个人卫生，出现食欲下降，夜眠差，症状为发作性。经医院诊断为“分离转换性障碍”，给予对症治疗后，病情缓解，出院后情绪基本稳定，能正常生活。1 天前因和家人生气，出现阵发性情绪不稳定，见到父亲后就哭，诉别人和她说话的目的就是试探她有没有病，认为别人都不相信自己，间歇期情绪、行为基本正常，发作期时不认识人，跟家人说话未得到回应时就会大声地尖叫。晚上症状更加严重，整夜失眠，话多，照镜子并自言自语，尖叫不停，家人将其送入院。家人诉阿宁为独生女，对她十分呵护，小时候当与其他小朋友发生争执时，家人总是批评别人家孩子。家里所有物质总优先满足她，遇事都是她批评父母。如此，慢慢养成了她做事张扬、唯我独尊的行为方式。

分析：阿宁的临床表现初为乱语、行为紊乱，似乎还有意识障碍表现，首先，我们要追问病史，看她病情是否有感冒等情况，临床上有近 1/4 的脑炎会以精神症状为初发表现。然后，我们要区分她是心因性疾病表现，还是患了精神分裂症。这时要全面分析，由于阿宁生活自幼备受宠爱，养成以自我为中心的性格，从小由家人呵护她，很少遇到挫折，所以问题未凸显出来。进入大学相当于进入了成人社会，周围的人不会都迁就她，这使得她遭受挫折，而她一贯的行为模式未能及时改变，就会引起上述问题的出现。认知观念的改变促使行为的改变，而她的家庭成员同时也需要学习和转变处理问题方式，才能从根本上缓解其精神症状，减小再次发病的风险。阿宁经过药物和家庭心理治疗康复了。我们常说的他（她）病了，不是指传统意义上身体和心理的疾病，而是家庭关系出现问题，很多时候家庭可能会决定一个人的人生道路。

病例十九　是旅途还是冒险?

阿强（化名）19岁。是个性格偏内向的人，在新冠肺炎病毒蔓延、暴发之际，从千里之外的学校回家，因其经济不宽裕，他选择速度较慢的绿皮火车。在学校奔往火车站的路上听到的都是关于疫情的信息，使其精神越发紧张，认为周围的每个人都可能是病毒携带者。在火车上时他将全身包裹严实，只露出眼睛，即使戴了2层口罩，仍担心会吸入病毒，偶尔有人咳嗽也使他很紧张，害怕是病毒携带者，自己往角落里躲。出现片段的幻觉、妄想症状，例如，觉得周围的人眼神不对劲，看他的目光不怀好意。总觉得别人在议论自己，说话含沙射影，针对自己。感觉自己不安全，甚至猜想有人会害他。他感到恐惧害怕，身上瑟瑟发抖，他想反击，又怕寡不敌众。夜幕降临，他一点睡意也没有，看别人呼呼大睡，觉得那是别人装的。惊恐中想起家人，赶紧给家人打电话，低声而又急促地说："爸爸快来救我，我被坏人包围了"，待家人从火车站接到他，发现他的精神异常，遂送其入精神科就诊。

分析：新冠疫情对每一个人来说影响都是巨大的，从精神到物质，未知的危险面前，很多人无法冷静地思考，变得惶惶不安，阿强面对疫情精神高度紧张，又长途坐车，身心疲惫，在外界巨大压力下出现了妄想症状，临床上称为旅途性精神病。该病发生前一般存在明显的综合性应激因素，比如舟车劳顿、精神疲乏、过分拥挤、慢性缺氧、睡眠缺乏等。患者常出现意识障碍、片段的幻觉、妄想等症状，经过充分休息后多可自行缓解。

病例二十　情绪好像跷跷板

淼淼（化名）22 岁，是个活泼开朗的人，做事风风火火，待人热情。3 年前因高考压力大，渐渐出现睡眠差，入睡困难，记忆力下降，理解困难，情绪低落，自我否定的情况。觉得自己没有前途，对事物失去兴趣，觉得自己不如别人，觉得自己拖累了家人，自己很没用，高兴不起来，觉得活着没意思，整日昏昏沉沉，不想上学，怕见人。和家人争吵，心烦，有时甚至出现轻生的念头。在家休养 2 个月后自行缓解。之后一段时间生活恢复正常。近 2 个月因新冠疫情居家期间，出现情绪不稳、易激惹等症状，如烦躁，坐卧不安，在家来回走动，话多，说话速度快，别人无法跟上她的思维。胡言乱语，如说依靠自己闯出一片天地，要实现自己的中国梦。干涉他人行为，如跑到村干部家要求管理村中事物。让周围人必须顺从她，否则就大发脾气，与人争吵。行为轻率鲁莽，精力旺盛，晚上不睡觉，家人将其送入院。

分析：淼淼情绪变化像跷跷板一样，有时情感高涨起来，变得兴奋、精力旺盛、做事活跃，影响他人；有时有情绪低落，天天发愁，自我否定，悲观、消极。临床上我们称之为双相情感障碍。本病发病前多存在性格基础，比如急躁、遇事情绪反应较大。在遇到生活事件或气候明显变化时易导致发病，人的机体和思维、情感是一个整体，生物环境的变化可能导致人的神经递质的变化，人体内环境变化会导致外在情绪变化。当人在遇到生活事件时认知、情绪的变化会导致机体内环境改变，机体平衡被打破，进而出现各种身心问题。所以平素修身养性，遇事多想解决方法，养成开朗、豁达的性格，照顾好自己身体的同时照顾好自己情绪，才能保持身心健康。

病例二十一　热情的失恋女孩

菲菲（化名），女，22 岁，大四学生。1 个月前与谈了 6 年恋爱的男朋友分手，引起情绪波动，其伤心欲绝，不知该如何应对，将分手的原因归结于自己不够优秀，因不甘心分手而反复哀求男朋友要求复合，仍无果，整日唉声叹气，整夜失眠，食不知味，迅速消瘦。1 周前同学们发现其情绪及行为变化大，本来性格内向的她变得爱说爱笑，主动与同学打招呼，主动帮助室友打水、打饭、拖地。晚上只睡 3～4 小时，把室友晾晒的衣服全洗了。上课时打断老师讲课，与同学们大声说话，大声唱歌，网购许多没有必要的东西，如送全班同学每人一个充电宝，说自己要“做好事”。逛街时看见什么都想买，买不符合自己经济状况的化妆品，看见学校门口打扫卫生的清洁员也要去主动帮忙。

分析：菲菲因感情受挫，出现情绪及行为的改变，起先表现为抑郁，之后变成另外一个极端——躁狂。分手前菲菲对男友感情深，分手后其内心无法接受男友的离开，其悲伤等反应很深刻，应对方式存在偏差，继而出现一系列问题。坠入爱河，能让人感受爱情的美好，一旦失恋后会遭受打击，感到痛苦和难熬都是正常的，应该勇敢面对失恋，理智分析问题出在哪里，允许自己悲伤，但不要过多纠缠。建议增加与同学、朋友和家人联系，进行情感支持、宣泄情感，必要的时候可以进行专业心理咨询和治疗。

小结：本部分分享了21例到河南省精神卫生中心就诊或住院治疗的病例，对每个病例的症状和心理特征进行了分析，相对于心理热线咨询病例来说，这部分病例患病程度较重，需要进行医学干预，应引起重视。本部分与第五部分的心理咨询病例对比，是明确需要进行专业医疗干预的，切忌延误治疗。本部分病例一般不涉及治疗原则及方法，对个别病例提及的治疗过程不能“模拟照搬”，不能“对号入座”，否则可能“差之毫厘，谬以千里”。

（张志勇　苗　琴　张美霞　许　彤　杨世昌）

第五部分

突发应急事件大学生常见心理问题的应对策略及技术

本部分给大家分享新冠疫情期间收集的 31 例心理援助热线服务案例及一对一的应对策略及技术指导，希望大家能从中获益。

案例一

某大一学生，在大学校园内的饰品店打耳洞，因发现学校有许多外籍学生，认为这些校友性观念开放，担心患有艾滋病的外籍学生也在这个饰品店打耳洞，将艾滋病传染给自己，于是去医院做了相关检查。虽然检查结果正常，但未能消除他的顾虑，并一直困扰他。当发现自己脸上的青春痘发炎后，这种担心越来越严重，断定自己得了艾滋病，认为此前的检查是因为处于潜伏期，所以没有查出来。每天待在家中不敢出门，脑子里不停在思考这个问题，整夜失眠。

心理问题：焦虑、失眠、疑心。

应对策略及技术：建议不要过度关注打耳洞事件，不要将自己困于此事中。过度担心未发生的事情会给身体带来的各种问题，如失眠、焦虑等。同时也提醒该学生爱美之心人皆有之，可去正规的医疗机构进行此操作，以避免不必要的麻烦。作为一个受过高等教育的大学生请相信科学的检查结果，学会转移注意力，可以进行瑜伽训练或正念治疗。希望你正常学习生活，如表现依然无改善，请尽早与我们联系共同想办法解决。

案例二

某大二学生，女，19 岁。2020 年 1 月 20 日吃了自己于 2019 年国庆节从武汉旅游带回的零食，2020 年 1 月 23 日武汉宣布封城后开始担心自己及家人会感染新冠肺炎。

心理问题：突发疫情导致的过度担心、焦虑。

应对策略及技术：2019 年国庆节时还未出现新冠肺炎，且食品是密封真空包装，只要是在保质期应该是比较安全的。建议尽量少吃肉类真空食品，以保障身体的健康。如果感到过度的焦虑或担心，可以在家锻炼身体、听听音乐、学习做美食来转移自己的担心紧张的情绪，也可以应用放松技术改善焦虑情绪。

案例三

因为疫情，某大学生最近变得特别烦躁，原计划的同学聚会和境外旅游也“泡汤了”，也不能和好友一起打球、出游、见面聊天，特别想念同学和朋友，可是却不能见面，心烦、急躁，脾气变得特别不好。

心理问题：心烦、急躁。

应对策略及技术：对于精力旺盛又特别重视友情的年轻人来说，居家隔离实在是一件让人沮丧的事，也必然会产生负面情绪。在这个特殊时期，与朋友在一起互诉衷肠的愿望会变得格外强烈。虽然大家被空间隔离，但友情却不会被阻隔，微信、电话、邮件也可增进友情，每天一个问候、一句鼓励、一些感悟的分享，和同学朋友一起制订读书或其他活动的计划，都是很好的沟通，每天在群里打卡分享，彼此鼓励，这样更能增进友情，进而焦虑和烦躁症状也会改善。

案例四

一名大三学生在疫情前本已得到一个实习的机会，因为疫情暴发，无法完成实习，居家隔离期间感觉很沮丧，顿时对前途失去了希望，对什么事都缺乏兴致，觉得干什么都提不起劲。

心理问题：疫情带来的困惑、无望、情绪低。

应对策略及技术：调整消极情绪，以积极的心态按照卫生部门的要求，戴口罩、勤洗手、少外出。利用在家里的时间学习新知识，做自己喜欢的事情，增加适量的运动。多陪伴家人，既能转移注意力，也能促进亲子关系。学会正确应对生活事件的能力，增加自己的心理防御能力。

案例五

某女，21 岁，大四学生，因购买名牌衣物、手表等物，透支信用卡和网上借贷数额较大，无法还款时出现情绪低，失眠，对生活的提不起兴趣，认为自己拜金，自感对不起父母，应该受到惩罚，少出门，懒做家务，自感“脑子变慢”，活着没意思，产生了消极想法。

心理问题：情绪低落、自责自罪、意志减退。

应对策略及技术：树立正确的消费观念，对物质的追求应量力而行，大学生更应该将精力放在学习和提高自身能力方面，为毕业后就业创造更多的机会。可以寻求家庭支持系统或朋友的帮助渡过难关。适当锻炼身体，如慢跑。还可以听音乐，进行正念瑜伽治疗，也可采用药物治疗、心理治疗、自信心训练、认知疗法等，同时与家人保持联系，建立良好的家庭支持系统，这对该生康复会起到积极的作用。因为存在自杀风险，建议到精神专科医院就诊，进行规范治疗。

案例六

大二男学生，19 岁，新冠疫情期间其奶奶经常不戴口罩外出溜达，自己劝说多次未果，最后与奶奶爆发了一次争吵，且在争吵中自己情绪失控，冲动下将家中电视砸坏，看着奶奶每天伤心抹泪，自己也很懊恼，不知道该如何解决。

心理问题：自责、苦恼。

应对策略及技术：虽然大家对疫情都很重视，但是仍有一些年纪较大的老人不听劝说，一方面他们已经习惯每天出门走走，另一方面是因为他们对于疫情方面的信息了解较少，还未意识到疫情的严重性，所以，在认知上产生差异。作为晚辈的我们不要单纯地进行粗暴劝阻，可以给他们看一些权威的官方报道、科普文章等，让他们了解病毒的传播方式和疫情防控的必要性。同时与长辈沟通时要注意说话的态度，要避免责怪和教育的语气，让长辈感受到你关心的同时也能感到尊重，用真诚和行动去说服家人，一定会得到长辈的谅解。

案例七

1 年前大学生武某和女友吵架，女友一气之下跑到马路中间，恰巧一辆汽车飞驰而过，女友当场身亡。血淋淋的场面发生在眼前，一直在脑海里久久挥之不去，回忆女友被撞惨景，内疚不已，认为是自己害死了女友，常做噩梦，认为自己不应该活着，应该随女友而去，无法正常学习。

心理问题：创伤后应激障碍。

应对策略及技术：首先建立共情，对事件表示同感，给予其宣泄的过程，在此过程中可以通过认知疗法对其认知偏误进行处理，使其能够认识事件发生的原因，而不是一味地归咎于自身。也可通过系统脱敏疗法逐渐降低事件对武某的应激反应强度。同时对当事人目前生活状况进行了解，通过现实疗法帮助其重新规划好日常生活，逐渐摆脱过往生活事件。

案例八

大一女生，2 天前偶然间发现父亲手机微信里有一女人称其父为老公的暧昧聊天记录，无法接受，也不敢告诉母亲，故意在父亲面前吸烟，割手腕。

心理问题：急性应激障碍。

应对策略及技术：首先表示一定的同感，发现父亲外遇的确是一件痛苦的事。然后需要进一步具体化了解事实，以及母亲对此事的态度，了解当事人家庭背景，是否有客观原因，强调家庭中的界限，针对性的给予心理疏导和应对方式指导。培养兴趣爱好转移其注意力，将关注点转移至自己的学业和生活上，可以适当参加学校的社团或学生会工作。因为存在自杀风险，建议到精神专科医院就诊，进行规范治疗。

案例九

王某，男，21 岁，大三学生，因其父亲查出脑瘤后不久就去世，王某无法接受一向身体健康的父亲会患上脑瘤，而且这么快就去世了，同时怀疑自己脑子里也有肿瘤，总是担心自己得绝症，反复去医院检查。抑郁不安，对任何事情都提不起兴趣。

心理问题：疑病症。

应对策略及技术：该学生对于躯体疾病过分担心，其严重程度与实际情况明显不对称。有牢固的疑病观念，但不是妄想。应以支持性心理治疗为主，在耐心倾听患者陈述和仔细检查之后，以事实说明所怀疑的疾病是缺乏根据的。切忌潦草检查与简单解释，如配合其他治疗疗效可能更好，对暗示性较高的患者，在支持性心理治疗的基础上可以进行催眠暗示。

案例十

某大学生对上网课心存不满，觉得每天花大量时间盯着屏幕看，眼睛不舒服，休息不好。且疫情期间不能跟朋友见面，没有学习动力，每天应付了事，不喜欢现在的自己。

心理问题：适应能力差。

应对策略及技术：学校推迟开学，各个年龄段的孩子都通过网络学习，不能出门，没有老师的监管，没有同龄的小伙伴陪伴，没有可以活动的操场，没有了人与人之间的互动，这对于成年人来说尚且不适应，何况孩子。让该生理解隔离的意义，因疫情无法正常返校，对人们来说是一种安全保障。待在家里，也是“抗疫”。只有我们有一个健康的身体，才可以做更多想做的事情。也可以寻求父母的帮助，充实每一天的学习，珍惜亲子时光。保证规律的作息，学习之余多休息放松，调节好自己的状态和情绪，平复烦躁情绪，可适当进行瑜伽训练、手工制作、音乐治疗。

案例十一

患者因为疫情的影响不能出门，感觉母亲天天找自己的茬儿，比如患者出去倒垃圾没有关门，母亲就说他把病毒放进来了，然后一直拿酒精消毒。只要推开房间门就会对他唠叨，如东西乱放，不讲究卫生。本来居家隔离心情烦躁，天天被唠叨觉得更加烦躁，气急时想趁家人不注意跑出去旅游，可是到处封路又出不去，不知道该怎么办。

心理问题：心烦、急躁。

应对策略及技术：突发的疫情会给我们带来一些负面的情绪，如恐惧、紧张、焦虑、烦躁、愤怒等，行为上也会做出一些缺乏理性判断的举动，这些都是正常人在遇到突发事件后的正常反应。首先在心理上要接纳现在这个有点烦躁的自己，告诉自己这是正常的反应。可以通过倾诉、绘画、写日记等方式将自己的不良情绪表达、宣泄出来。同时尝试理解母亲的行为，换位到母亲的立场思考，可以和母亲沟通，彼此获得情感上的支持和理解，相信不仅不良情绪会得到改善，你和母亲的关系也会变得更密切。同时注意规律作息，正常饮食。指导其学习蝴蝶拍来改善不良情绪。

案例十二

从武汉放寒假回家的大四学生张某，由于母亲一直高热不退，引发了持续的焦虑、担心和恐惧，担心全家会被感染，虽然通过检查排除了新型冠状病毒感染，但焦虑情绪并未得到好转，只要听见母亲咳嗽，就整晚难以入眠，也不敢告诉母亲，本来准备考研，现已经无心学习，每天惶惶不可终日。

心理问题：焦虑、担心、失眠、恐惧。

应对策略及技术：在这个特殊的时期里，母亲发热不退让求助者很容易联想到病毒是否是自己从武汉带回来的，这种担心、焦虑都是正常的，但不要过度担心、焦虑，甚至出现失眠、恐惧、自责，从而影响自己的正常学习和生活。首先引导其建立正确的应对方式，正确应对此次疫情，在此也建议学习一些放松的方法，如放松治疗、正念的身体扫描、音乐冥想等，帮助自身缓解焦虑、紧张和失眠，指导其多锻炼自己的心理素质，提高其应对生活事件的能力。

案例十三

小 A 与小 B 都是大三的学生，同在一个宿舍生活，入学不久，两个人成了形影不离的好朋友。A 活泼开朗，小 B 性格内向，沉默寡言，小 B 逐渐觉得自己像一只丑小鸭，而小 A 却像一位美丽的公主，和她在一起，感觉自己就是她的陪衬，心里很不是滋味，她认为 A 处处都比自己强，占尽风头。大学三年级，小 A 参加了学院组织的设计大赛，并得了一等奖，小 B 得知这一消息痛不欲生，妒火中烧，趁小 A 不在宿舍将小 A 的参赛作品撕成碎片，扔在小 A 的床上。

心理问题：嫉妒、自卑。

应对策略及技术：小 B 应客观地认识自己和他人，学会公平竞争，认清嫉妒的危害，嫉妒别人既影响自己的身心健康，又整日沉溺于对别人的嫉妒之中，而没有去思考如何提高自己，耽误了自己的前途。进行个体化认知应对治疗，培养乐观的人生态度，根除嫉妒心理，克服虚荣心和自我为中心，只有拓宽自己的心胸，才能正确地看待别人，正确接纳自己。建立正确的认知，客观公正地评价别人和自己，客观地认识自己的优势和劣势，客观地衡量自己的才能，完善自己的个性因素，提高自己的心理素质，以健康的心态面对生活，树立正确的竞争意识，双方可以互相取长补短，共同进步。

案例十四

女大学生李某，长得漂亮，在网上和有许多网友都聊得来。渐渐地，她发现和其中一个男生特别投机。一次见面，却让女孩更加心仪，从此网恋就变成了现实中的恋爱。一次偶然的机会，女孩发现男孩有多个像自己这样从网上“聊得来”的女朋友，发现原来男孩一直在欺骗她，李某心里接受不了这样的事实，从此开始消沉，没有心思做任何事。认为前途、未来、学习、生活都是“灰色的”，不爱出门，不愿与人交往，不化妆不打扮自己，整日哭泣，甚至要割腕自杀。

心理问题：悲观、消极。

应对策略及技术：李某感情受到欺骗后，开始出现气愤、消沉、绝望。首先可以进行宣泄治疗，宣泄不良情绪，指导其要学会自我调整，可以找好朋友或可信赖的人将自己的烦恼和苦闷宣泄出来，不仅释放心理重负还能感觉到理解和支持。也可以通过移情和升华，将精力转化在学习、健身和参与学校各种活动中，提升自己。因为存在自杀风险，建议到精神专科医院就诊，进行规范治疗。

案例十五

大学女生小D，有一位同乡的男生从大一时就追求自己，两人感觉不错，于是确定恋爱关系，但最近几次约会男朋友都暗示了性要求，为此小D非常困惑和不安。

心理问题：困惑。

应对策略及技术：从个体的生理年龄发展阶段来看，大学生阶段，一方面，有恋爱等情感的需求，另一方面，思想观念还不成熟，经济上还不能自立，学习的压力又较大，未来有许多不确定因素，大学生恋爱容易遇到更多的困难和问题，处理不好会给自己和他人带来伤害。例如：有的大学生把失恋看成是极为严重的生活事件，一旦失恋，在情绪、自我评价、人际交往、学习、生活等各个方面受到打击和干扰，由此引发诸多心理问题。本例中对待性的不同观念造成了小D的困惑。大学生阶段由于性生理逐渐发育成熟，性冲动和性需求较为强烈，恋爱中难免会有性的要求，但往往没有做好承担后果的准备，一旦意外怀孕，可能会对女性心身造成伤害。大学生应自觉地调节心身，拥有成熟、健康的婚恋观。建议小D应用正念减压训练中的身体扫描，以改善焦虑。

案例十六

大学女生小红，家庭温馨、父母宠爱。入学报到后，非常想念父母，每天都要与家里通几个小时的电话。总是感觉在学校无依无靠，自己应付不来很多生活琐事，心情极差，学习也根本不在状态，为此焦虑、烦躁，产生了退学的念头。

心理问题：焦虑、烦躁、消极。

应对策略及技术：大一新生来到陌生的校园，面对生疏而又关系密切的新同学会感觉不适应。大学的集体生活，既改变了原来的生活方式，又离开了原来熟悉的人际环境。这些会使每个大学生产生不同程度的应激反应，使他们在内心或多或少感到焦虑不安。这种因不适应大学生活环境而出现的不安、苦闷和孤独感，在应变能力较弱的学生身上表现更为明显。建议参加社交技能训练，改善其社会适应能力，指导其明白人生总要离开父母独立生活，必须努力地在体验和尝试中逐步完善自我，逐渐走向成熟。也可以交往一些志同道合的同学，互相帮助和照顾，这样会感觉在大学校园生活会比较愉快。同时可以培养些兴趣和爱好，在积极参与集体活动的同时也锻炼了自己的适应能力。

案例十七

某大一学生，家庭经济情况一般。家中有一个弟弟读初中。从小父母希望她好好读书，长大能离开农村。考上某大学后，她几乎没参加过学校的任何活动，也未出过远门。她从小是个乖女孩，与同龄相处较好。父母不愿她到陌生城市读书，出于经济原因考虑，她主动向父亲提出，填报相同专业中收费较低的某师范大学。入校 2 个月时她 3000 多元的存款在校园内被骗，事后出现失眠，无食欲，焦虑，反应减慢，不能集中注意力，无法思考判断问题，情绪低落、愤怒、自责，感到生活中处处都有危险，不能信任所有人，感觉自己非常不幸，这样的事会给家庭带来羞辱，自觉现在及今后的生活不可控。四处找兼职未果，学习受到较大影响，来自经济方面的压力也打乱了日常生活，不确定今后能否继续上大学。一个人时，她眼前常会出现骗子的画面，梦中事件的一些场景不断出现，下晚自习时害怕一人单独走回宿舍。

心理问题：情绪低落、愤怒、自责、焦虑、担心。

应对策略及技术：事件中该生想弥补自己的过失，不愿将自己的真实情况告知家人。想通过自己打工弥补，但打工受挫，感到无助，正常学习和生活受到影响。与宿舍的同学相处也不太融洽。大学生刚接触社会，正处于认识社会阶段，加之在家时父母保护和呵护较多，使之承受挫折的能力较差，加上阅历少，这类危机事件很可能给他们精神上、心理上造成很大的伤害，以至形成对社会不正确的认知，影响终身。应进行个体认知应对训练，引导其正确应对危机，还可以参加呐喊宣泄治疗和打击宣泄治疗，宣泄心中不满和愤怒。可以将事件告诉父母，共同来解决问题。其次，要增强遇事明辨是非的能力，不贪图小利，将主要的精力放在学习上，适当参加学校的团体活动及学生会工作，提升自身综合能力，使自己尽快地成长和成熟起来。

案例十八

大二周某，父母离异后，渐出现抱怨家人不关心自己，抱怨老师，抱怨同学，觉得周围同学都在议论她，说她坏话，常因此和同学吵架，觉得活着没意思，试图吃安眠药自杀，被家人及时发现拦下。

心理问题：疑心、情绪低、有消极行为。

应对策略及技术：由于家庭变故导致其出现多疑，自信心下降，悲观消极，这需要家庭成员的积极配合。父母需多关注其内心的变化，让她感觉到虽然父母虽不在一起，但还是依然关心她，还需要配合药物的治疗，进行心理疏导和康复治疗。建议参加沙盘治疗和自信心训练，改善消极，提高自信。多进行家庭集体活动，如聚餐、出游等，让其感受到家庭的温暖，也可以发挥其特长，转移注意力，在其擅长的领域有所成就，提高自信心，减轻消极观念。因为存在自杀风险，建议到精神专科医院就诊，进行规范治疗。

案例十九

大二女生小张，经常与舍友之间因一些小事发生争吵，宿舍气氛紧张。有一天，同宿舍舍友在晚上熄灯后，还和朋友打电话，影响大家休息，小张又与之发生了激烈的争吵，最后不欢而散。类似的事情发生了多次，导致小张每天不想回宿舍，回去宿舍后与舍友也无交流，自感宿舍人都在孤立自己，学习成绩下降。

心理问题：人际关系紧张、适应能力差。

应对策略及技术：同宿舍舍友应该建立良好的关系，对于个别舍友的不自觉行为影响大家，可以和其他舍友商量共同处理，不要把所有的舍友都放在自己的对立面，同时对于来自不同地方的舍友，也要有包容之心，与舍友推心置腹交谈，相信大家都能互相理解，互相包容，宿舍中舍友关系也会变得融洽。建议参加社交技能训练中处理矛盾的技能训练课程，学习处理人际关系和遇到矛盾的处理方式，其次要多参加集体活动，调整自我状态，以利改善人际关系。

案例二十

大四学生李某马上面临毕业，有的同学已经找到了工作，而他因为准备考研未求职，现在考研未通过，工作也没着落。疫情期间，因无法外出找工作，就自觉大学白读了，工作也找不到，整天在家睡觉、玩手机，也不和家人朋友接触，家人谈及工作的事情，就发脾气，摔东西。

心理问题：烦躁、消极、挫败。

应对策略及技术：暂时找不到工作，不意味着永远也找不到工作，不能因为一时的失意而否定自己，建议进行个人认知应对治疗，改变极端化的非黑即白的思考方式，进行自信心训练，使信念重建。也可以趁着在家时间，和家人好好说说话，多谈谈心，也可以学着做些糕点和饭菜，增进自己与父母的感情，因为将来工作后陪家人的时间减少，同时也可以多读书，提升自己，等到疫情结束，能够有良好的知识储备应对招聘。

案例二十一

大一新生小华，在高中时不仅学习成绩好，还担任了校学生会主席，篮球会会长，是同学中的佼佼者，但没有竞选上大一新生年级学生会主席，认为学校的评选不公平，为此耿耿于怀。之后处处与老师的要求背道而驰，因此被通报批评，进而更加愤愤不平。

心理问题：愤怒、偏执。

应对策略及技术：由于高中和大学是截然不同的情况，在大学人才济济，使小华心理落差较大，不能够很好地适应大学生活。作为学生应该调整心态，明白大学生的主要任务是学习，其他的重在参与，不能本末倒置。建议应用沙盘治疗改善情绪的困扰，其次遇到挫折时要冷静分析，客观认识他人及自我，克服以自我为中心的心理，学会公平竞争。要善于正确认识前进的目标，并在前进中及时调整自己的目标，善于化压力为动力，这样才能为以后的成功打下良好的基础。

案例二十二

大学生小陈和女朋友恋爱 2 年，因为毕业以后去哪座城市工作未达成一致，争吵越来越多。最终小陈妥协，到了女友所在的城市，但是女友的家人以不想让她找外地人等理由阻挠，女友于是向小陈提出了分手，小陈为此气愤、伤心、绝望，将租住的房间中与女友有关物品全部砸碎。

心理问题：愤怒、伤心、绝望、冲动。

应对策略及技术：恋爱是美好的，每一份感情都应该被尊重和祝福，但是失恋也是每一对情侣可能会遇到的，因为家人的反对而被迫分手，确实是让人心痛，但是既然曾经为了这份感情努力过，也不曾辜负对方，就当成人生中美好的回忆。希望你能尽快地将自己从消沉、绝望中走出来，选择适当的宣泄方式，也可以尝试宣泄治疗释放压抑的情绪，或者将情感转移到擅长的事或工作上，不断地提升自己。何况还有那么多关心自己的家人和朋友，相信会有一个适合自己的那个人在等着你。

案例二十三

男生小徐，进入大学学习一年后，因多科考试成绩不理想，从此失去了学习的兴趣，整天沉迷于网络游戏，学分达不到学校的规定，面临退学的危险。

心理问题：消极、自暴自弃。

应对策略及技术：大学生的学习目的、学习内容、学习方式等都有别于中学生。因此，在适应大学学习环境的过程中，可能会出现各种各样诸如动机、兴趣、方法等问题。此外，角色的改变，也是每个大学生所要面临的。多数大学生在入学前是当地的优等生、老师家长的宠儿、同学朋友心目中的榜样，自我感觉良好。但进入大学后，跻身优等生的新群体中，就不可能人人都是宠儿、都是优等生了。优越感不复存在，能否继续保持优势，或者能否接受“自己是平凡的一员”这一事实，是摆在每个大学生面前的问题。如果不能正确地接受和对待这种现实，采取逃避或否认等方式，就会引发心理问题。指导其能够客观的认识自身的不足，正确对待失败，增强自信。可以进行自信心训练、认知支持疗法，正确看待挫折和失败，加深对自我的认识，学会扬长避短，通过认知的转变重塑自信，消除自卑。

案例二十四

大一女生王某，2020年1月10日自广州返回郑州，高铁途径武汉停留了2分钟时曾下车购买水果，返家后居委会统计武汉旅居史时未如实告知工作人员，之后开始担心自己会被认为是隐瞒疫区接触史，担心自己及家人会因此患病，自己虽然没有发热等症状，但仍担心自己会处于潜伏期，为此焦虑、失眠。

心理问题：焦虑、失眠。

应对策略及技术：无法界定自己是否算作有疫区旅居史，可以联系当地居委会，如实告之。疫情期间担心自己及家人的健康属于正常现象。但这些情绪影响我们的正常的生活，就应该找些方法来缓解一下，如制订学习计划，学习美食制作来慰劳一直以来辛苦付出的父母，多陪伴家人，进行瑜伽训练、也可进行呼吸放松训练和腹式放松训练等。

案例二十五

某女，大四学生，2020 年 1 月 5 日曾去武汉旅游，于 1 月 9 日返回家中并如实上报行程且居家隔离，担心自己和家人一起用餐、生活会将病毒传染家人，现在越想越害怕，心里每天都是忐忑不安的。

心理问题：担心、恐惧、焦虑。

应对策略及技术：疫情期间，出于对家人的安全考虑出现的一些行为表现和情绪表现都是正常的反应。但如果情绪反应过度会对身心造成不良影响，身体抵抗力也会减弱。建议利用正念减压术进行处理负性情绪，利用正念全身扫描技术进行身体放松。还可以适量运动，规律地安排生活，加强防护，照顾好自己和家人，相信一切都会好起来的。

案例二十六

某女生 C，家中独生女，漂亮聪明，学习优秀，父母对其宠爱，家庭经济条件好。进入大学后，宿舍没有空调，卫生间不能洗澡，时常感到委屈和不适应。经常抱怨寝室同学，还要“娇小姐脾气”，支使同学干这干那，认为这些都是理所当然的。因此，宿舍其他 3 位同学开始逐渐疏远她，她感到十分孤单，却又不明白大家为什么远离她。

心理问题：孤单、心烦、人际关系差。

应对策略及技术：不适应大学生活，人际关系紧张越来越多成为个别大学生面临的问题，可能只是简单的睡前谁关灯，谁拿走我的衣服撑用了等一些小事，就与室友发生矛盾，有的要求换宿舍，有的要求转学，更有甚者出现伤人行为。在大学的集体生活中，要学会坦诚相待，互相信任，互相帮助，遇到矛盾时要学会控制情绪，学会换位思考，多站在对方的立场上考虑问题，建议应用社交技能训练中的妥协和协商处理问题，做好自我心理调适，丰富自己的业余生活。

案例二十七

某大四男生，在疫情期间，好朋友曾借其电动车带家人去医院（非定点医院）看病，当朋友将电动车还回时，在攀谈中得知朋友家中的亲戚从武汉回来，已在隔离中。之后便出现不敢使用自己的电动车，担心朋友将病毒传染给自己，反复追问朋友有无和亲戚见面。朋友告知其未与武汉回来亲戚接触，仍认为朋友是在说谎欺骗自己。现在既害怕，又后悔自责曾把车借给他，为此焦虑，紧张，担心自己已感染病毒。

心理问题：担心、焦虑、紧张、害怕。

应对策略及技术：首先对该生的担心、焦虑，紧张，害怕表示理解，并做到共情。但过分的焦虑和担心会影响自己正常的生活，建议使用转移注意力，可以考虑一下自己的就业方向，如准备考研，现在正是在家学习的好机会。也可以利用正念呼吸和冥想改善焦虑、紧张情绪。进行适当的运动，如仰卧起坐、俯卧撑等增加抵抗力。

案例二十八

大四学生陆某，寒假前已联系好就业单位，原定寒假结束后签订就业合同，由于疫情影响，公司推迟合同签订日期，自己也未做考研的准备，现在一想到就业方面的事情，就会心慌、烦躁、难以入眠。

心理问题：烦躁、焦虑、失眠。

应对策略及技术：暂时的挫折导致的情绪反应是正常的，但长期或过度的情绪反应会对生活和心理造成影响，也会降低身体的免疫力，引导其认识到挫折只是暂时的，遇到挫折要学会根据自己的优势和特长及时调整目标，以便继续前进。建议采取呼吸放松疗法和音乐冥想改善焦虑和烦躁，睡前可以聆听助眠音乐。

案例二十九

某大四男生，因就业不能同女友在同一个地方，在女友提出分手后，其情绪郁闷，常借酒消愁，每天饮酒，时常旷课，甚至出现违纪等行为，被学校多次警告。

心理问题：郁闷、酗酒、消极。

应对策略及技术：借用酗酒来逃避面临的问题，这种方式是不可取的，作为一个大学生，应该正确面对自己遇到的问题，采取正确的应对方式，应明白酗酒对自己及家人带来的危害。认识到“借酒浇愁愁更愁”，酗酒解决不了问题，还会带来更多的问题。可以参加“戒酒互助会”，尝试更多的心理支持途径，改善酗酒问题，同时可以积极参加有意义的社会活动，调整自己的状态，完成自己的学业才能有更好的前途和未来。

案例三十

大三女生小丽，疫情期间出门总是担心其他人会与自己距离太近，去超市购买日用品时因人员较多，担心多人触碰到自己衣服，为此回家后反复洗澡，将衣物丢弃。现在只要出门一次回家就会反复多次洗澡、更换衣物，丢弃外出时穿的衣物。虽然自己明知没必要，但却无法克制。

心理问题：焦虑、担心、反复洗澡更换衣物。

应对策略及技术：首先对小丽的情况表示理解，小丽出现了强迫性清洗。可以采用认知应对治疗技术，指导其不过分担心紧张，正确应对。也可以利用转移注意力，将自己的关注点转移到其他自己擅长或感兴趣的事情上，如有氧运动，肌肉放松法和意念放松法改善焦虑、紧张。制订一个计划，将自己的生活安排的充实而不忙碌，珍惜陪伴父母的时间，规划以后的道路，相信国家对疫情的有力控制，减少不必要的担心。

案例三十一

大三女生小李，2 个月前爷爷感染新型冠状肺炎病毒，经全力救治，但仍不幸去世。小李从小在爷爷的照看下长大，爷孙俩感情很深，但爷爷去世时未见最后一面，小李感到很悲伤，责怪自己没有照看好爷爷，想到爷爷去世，回忆起和爷爷在一起的往事就控制不住的哭泣，整天把自己关在房间里，没有食欲，睡眠不好，网络上课时经常走神，没法正常学习。

心理问题：哀伤反应。

应对策略及技术：首先，明确和接受亲人去世的事实，因为确定亲人去世的真实性，哀伤才得以开始。其次，要觉察并接纳自己的哀伤反应，亲人过世后可以有麻木、悲伤、愤怒等感觉上的表现；不相信、否认、沉溺于思念亡人等认知上的表现；哭泣、回避退缩、唉声叹气等行为上的表现；食欲低下、睡眠差、躯体不适等生理反应；初期更容易出现各种各样的哀伤反应，任何的哀伤反应都是可以理解的，它是一个自然的过程，理解和接纳它。第三，最好家人一起共渡哀伤，独自走过哀伤是痛苦的，转化哀伤不是单靠个人就能完成的，需要家人的陪伴、支持、鼓励；比如忌日、周年、清明节等特殊日期哀悼仪式表达哀伤，学会用新的方式如写纪念文章或回忆录等与逝者重建联结，与我们身边人和我们所生活的世界重建联结。最后，如果哀伤的反应一年后仍持续频繁的存在，仍持续地感到悲伤，影响自己的生活工作，建议到专业机构寻求帮助。

小结：本部分包括31例疫情期间大学生心理援助热线服务病例，并记录了一对一的应对策略及技术指导。面对这些心理咨询案例，我们愈发清晰地意识到，虽然我们已经帮助了很多大学生，但还是有很多大学生及家属身在迷途。这些案例在咨询的过程中，虽然我们掌握了很多信息，但亦有很多不了解的内容，限于时间和技术，难免有不完美的地方，我们会继续一起努力，一起前行！

（李春兰　张三强　张蒙蒙）

第六部分

COVID-19 疫情期间如何远离心理障碍

一、COVID-19 疫情期间的精神卫生工作

为降低疫情期间各类人群出现精神心理问题的风险、促进社会稳定，国家卫生健康委员会将心理危机干预纳入疾病预防工作的总体部署。

2020 年 1 月 27 日，疾病预防控制局发布了《新型冠状病毒感染的肺炎疫情紧急心理危机干预指导原则》（肺炎机制发［2020］8 号）。该指导原则要求各省、自治区、直辖市的肺炎疫情联防联控工作机制领导、协调心理危机干预及相关活动，并提出以下工作重点：了解受疫情影响的不同人群的心理健康状况，识别自杀和攻击的高危人群，对有需要的人提供适当的心理干预等。

该原则将目标人群分为四个级别：

第一级：最容易出现精神健康障碍人群，如 COVID-19

确诊患者（住院治疗的重症及以上患者）、防疫一线医护人员、疾控人员和管理人员等。

第二级：居家隔离的轻症患者、隔离患者（密切接触者和疑似患者）和到医院就诊的发热患者。

第三级：第一、二级人群的密切接触者，如家属、同事、朋友，以及参与疫情防控的后方救援人员，如现场指挥、组织管理人员、志愿者等。

第四级：受疫情防控措施影响的疫区相关人群、易感人群、普通公众。

考虑到全国各地广泛施行隔离和交通限制的现状，热线电话及网络平台等线上精神卫生服务作为首选方案被广泛采用。

二、COVID-19 疫情期间，远离心理障碍实用小贴士

面对疫情的迅速扩散、持续的隔离、大量的相关报道、国内外每天不断增加的确诊和疑似病例数以及死亡人数，许多人都面临着巨大心理压力，存在出现各类精神心理健康问题的风险。

（一）饮食

保持健康的饮食很重要，尤其在 COVID-19 大流行期

间。由于不再外出就餐，有了更多的时间烹饪和享受美食，大家可以尝试改变饮食习惯，可以考虑自己动手烘焙食物，多吃天然食物，多吃蔬菜，改善健康状况。

（二）睡眠

在面对巨大压力时，保证睡眠的时间和质量对身体的免疫力至关重要。应保持良好的睡眠习惯，每晚按时上床睡觉，保证每日 7～9 小时的睡眠时间。

（三）有氧运动

在家进行锻炼，疫情期间健身房暂未开放，可以在家利用跑步机、运动单车进行锻炼。还可以跳绳、仰卧起坐、伏地起身、太极拳、八段锦等运动。在家可以和家人一起锻炼。还可以在户外慢跑，建议独自慢跑较安全，如有同伴，请保持 1.5 米的距离。

（四）冥想

冥想可以帮助你更好地应对压力和焦虑。冥想能关闭大脑里源源不断的思绪，也能为下一步做好准备。每日只需几分钟时间，让大脑放空、重置。任何安静的地方都可以进行冥想。

三、COVID-19 疫情期间，家庭的力量

父母及家人的支持和照顾可以让大学生健康成长。当大学生出现心理问题时，有以下 7 点建议供大学生的父母及其家人参考。

（一）稳定情绪

当孩子出现心理问题时，家人需要尽快接受现实，先稳定自己的情绪，采取适当的情感表达方式，避免负性情绪影响到患者。

（二）主动关心患者

给孩子一个温暖的家庭氛围，关心他（她）心理感受，提供情感和物质全方位的支持。家人的鼓励和支持是患者恢复的巨大动力。

（三）创造氛围，良好沟通

放下家长的身份，以朋友的身份，平等、尊重、亲切地与孩子沟通，注意倾听，减少打断，及时澄清误会，多使用鼓励性语言，不要试图说服，更不要争辩或嘲笑，否则会丧失孩子对您的信任。保证每天有 20～30 分钟的沟通时间。

（四）尽早咨询或就诊

当家人发现孩子出现心理问题的征兆时，如出现情绪不稳定、夜眠差等，家人应尽早进行咨询，帮助孩子寻找并获得专业的心理咨询或心理治疗，使孩子学会应对技巧，帮助其正确对待事物，提高其心理承受能力，培养乐观态度。如孩子出现自语、自笑，冲动伤人，自伤等异常变化，家人应尽快陪伴孩子到精神科就诊。早发现、早干预，对大学生心理问题的恢复至关重要。

（五）了解相关知识和信息

可以查询相关资料，如症状表现、干预方法、咨询或治疗机构药等。掌握了一定的基本知识，才能不慌不乱，以科学的态度帮助孩子恢复健康。

（六）观察并防范家人发生危险行为

家人应重视与孩子的沟通，及时观察其情绪及行为的变化，加强危险物品的管理。如孩子出现自伤自杀、伤人毁物、外走等风险时，应保证专人 24 小时看护，必要时考虑住院治疗。

（七）坚持复诊，和咨询者或医生建立联系

心理问题往往需要一定的时间才能恢复，这期间需要

家人带孩子定期咨询或复诊，使咨询者或医生连续、动态地了解患者病情，便于及时调整干预方案。

在大学生心理问题的康复过程中，家庭具有不可替代的重要作用，家庭中所有的成员都应该竭尽全力、最大限度地发挥自己的能力，使孩子能够有一个轻松的生活环境和一个健康平衡的心态。

（潘　苗　张三强）

第七部分

复学后大学生常见问题及应对策略

COVID-19 疫情暴发后，为有效的防控疫情，我国采取严密严格的防控措施，在较短时间内控制了疫情的蔓延，但另一方面，疫情也对我国经济社会生活的方方面面产生影响，而大学生群体在疫情当下及未来一段时间内也会遇到很多现实的问题，比如复学后如何补齐网络教学时间及应对考试；如何应对因疫情加剧的就业压力；复学后怎样做好个人防控措施等。帮助他们认识可能要面对的问题并提供相应的策略，政府部门和学校也采取有效的措施及时回应大学生群体的关切和帮助他们解决问题，不仅有助于他们尽快顺利的复学就业，也能提高他们应对问题的能力，降低心理压力，促进他们健康的成长。本部分将从学业、就业、生活、感情方面讲述复学后大学生面对的常见问题及应对策略，从而能更好地应对疫情带来的影响，减轻由此引起的心理压力。

一、学业常见问题及应对策略

（一）复学后如何做好网上教学与日常教学的紧密衔接

在疫情防控期间，教育部做出延期开学的决策，并同步进行停课不停学的部署，各大学院校按照教育部要求稳步有序地推进线上教学，学生通过网络直播或观看录播等方式学习，有效保证了教学计划的落实，切实做到了停课不停学。但网上教学也存在一些不足之处，比如因学生没有教科书，只能被动地接受知识，网课结束后老师讲解和教授的知识很容易忘记，也不便于复习；网络课堂学生与老师交流受限，互动性不够；学习氛围与在学校时课堂氛围相比，易受外界干扰，自觉性差的同学可能会分屏玩游戏、看小说。这在一定程度上影响了教学效果，部分学生反映网络教学的教学质量与学习效率与日常教学有一定的差距。如何做好网上教学与日常教学的紧密衔接是学生返校复学后面对的首要问题，学校首先应明确主体责任，做好相关保障措施，同时学生也应转变思维方式，以积极主动学习态度查漏补缺，才能做好网上教学与日常教学的衔接，确保教学质量。以下介绍 5 个应对措施。

1. 在居家网络学习期间，学校不仅要向学生提供教学课件，也可尽快组织将教材发放给同学，如发送电子版教材或将纸质教材通过邮寄方式发放给学生。

2. 学生返校复课后，学校应精准的分析学情，对学生的居家学习情况进行摸底，评估学生学习中的难点、弱点，评估网络教学质量。

3. 根据对网络教学期间学情的研判，调整优化教学进度和教学组织方式，可以采取对知识点中难点或弱点串讲复习、集中查缺补漏、增加师生互动安排等多种形式补齐网络教学时短板，保证教学质量。

4. 实验课、见习实习、实训、课程设计等受疫情影响暂停的实践教学工作，如部分课程可以实现网络授课的，可以按理论课授课标准开展网络教学；如果无法进行网络授课，学校应有计划的合理安排，以便在学生返校后有序开展，对毕业班的实践教学应优先安排，目前很多地区已复工复产，学生也可主动与当地有教学资质的实践单位联系，报学校核准后，就近在当地进行实习实践活动。

5. 学生们体会到疫情给生活和学习带来的种种不利影响，但也应认识到疫情时期也是对学生们成长考验的重要时机，大学阶段不仅仅是学习知识，也是塑造品格、锤炼意志、培养思维的重要阶段。开学复课后时间紧迫，同学们需面对的重要事务增多和学习压力增大，尤其是面对实习就业和考研深造的重大选择，需积极调整心态，增强耐压能力，转变思维方式，增强自律自觉性，积极主动的学习获取知识。主动对自己的学习情况进行评估，以便复课后将学习中的难点、弱点反馈给学校。

（二）复学后如何应对考试重修及其他教务活动

部分同学重修的课程还没考试，返校后参加考试担心再次通不过，面临毕业需补考的同学更感到紧张；本学期的一些网络课程也已结课，但部分同学感觉对知识的掌握不够扎实，复学后面临考试也没把握。部分同学还会遇到返校后重修课程、转专业、参加资格考试等问题。很多问题都是同学们复学后需要面对的，应对措施有以下 5 个。

1. 对于缓考或开学后需补考的同学，可以在家先复习需考试的课程，返校日期确定后，学校可提前告示补考的时间，给同学们留足复习时间。

2. 部分同学面临重修课程的问题，课程安排可在教育部门公布返校时间后进行，学校及时将相关信息发布在学校网站并告知同学们。优先考虑安排毕业班同学的重修，可将教材邮寄给同学们，让其在家复习，返校后参加补考，最大限度地降低疫情对毕业学生的影响。

3. 原定于开学后转专业不能及时进行，延迟一个学期转专业，新专业的课时负担会明显增加，在疫情期间可认真考虑是否要转专业，如果确定转专业，可以提前学习新专业知识，以便能顺利完成新专业的学习。

4. 很多学生要参加全国计算机、英语四六级等考试。具体时间还需教育部考试中心根据疫情决定是否如期考试。返校复学后因其他课程压力加大，可在家提前为考试准备。

5. 休学、复学申请及退学等学籍变化，学生证、成绩单、学历证书和学位证书补办等学生关切的工作，在学校公布的返校时间之后到校办理，学校及时将相关信息在学校网站发布。

二、就业常见问题及应对策略

（一）求职中问题与应对

今年就业形势与往年比有 2 个明显的变化。首先，今年全国普通高校毕业生数量达到 874 万，比 2019 年增加了 40 万。国内发展前景对海外归国留学人员的吸引力持续提升，海归留学人员逐年增加，加大国内院校毕业生求职竞争压力。其次是经济增速放缓，下行压力增大，同时受疫情影响部分中小型企业倒闭，特别是旅游服务、餐饮娱乐、销售外贸等行业影响巨大，短期内劳动力市场需求减少。供需对接难度明显增加，今年毕业生就业形势严峻复杂。应对措施如下。

1. 调整心态，做好预期心理准备，减轻紧张焦虑　受疫情影响，企业单位复工延期，相应的招聘时间也会延期，求职周期拉长；部分行业受疫情影响大，对应专业的毕业生可能会遇到求职过程不顺利或求职不符合预期的情况，毕业生应调整心态，做好心理准备，良好的心态不仅能帮助毕业生克服求职过程中遇到的困难，同时也能帮助毕业生冷静思考，抓住好的求职机会。可以积极主动与师长、同学交流，同学间相互鼓励帮助，分享求职信息，获取更多的目标企业单位情况，减少信息不对称所带来的不确定感，缓解求职过程中的紧张焦虑。

2. 准确分析产业发展前景，顺势择业　制造建筑、旅游服务、餐饮娱乐、销售贸易、交通运输、证券保险等行业受疫情影响较大，短期内市场需求减少，求职竞争压力大；但受疫情影响较小的医药卫生、生物科技、疫苗研发、卫生材料等行业市场需求旺盛。此外为了能够更好推动经济转型升级，增强我国国际竞争力，我国政府目前正加紧实施承担着拉动经济增长，释放经济潜力的双重作用的“新基建”战略，主要涉及5G基础设施、大数据中心、人工智能和工业互联网等七个领域。疫情期间线上需求呈现爆发式增长，非接触式交易和服务行业顺势突起，物联网技术支撑着智慧医疗健康、远程电子物流配送、智能制造、便民服务等领域更快更大地发展，这些国家战略都是关乎未来国计民生的新型行业，有良好的发展前景，毕业生可根据自己的专业、兴趣爱好顺势择业。

3. 做好充足的准备工作，积极争取　求职能否成功，除了所学专业和求职方法，更核心的是自己的综合能力。

毕业生可以根据自己的专业和兴趣爱好，提前谋划好自己想从事的职业，在求职前梳理自己优势和短板，坚持学习，做好知识储备补齐短板，提升综合能力；同时重视实习和面试，在面试前可以进行模拟应答练习，组织好语言表达等求职技巧，以便在正式面试时展现自己良好的素养顺利找到心仪的工作。

4. 做好线上线下招聘衔接，保护自身合法权益　疫情当下，线上招聘成为毕生生择业的重要渠道，它不仅突破空间限制，避免了人群聚集，也能够快速将招聘双方的需求进行匹配对接，给毕业生更多的选择，同时也降低了招聘的整体成本。但线上招聘也存在精准性差、招聘双方难以全面了解、虚假招聘信息泛滥等不足之处。毕业生需统筹做好线上线下衔接，做好信息甄别保证自己合法权益，顺利就业。

5. 发挥好学校在学生就业中的作用

（1）充分发挥高校在毕业生离校前就业工作中的主体作用：教育部明确表示将联合省部级就业平台、高校就业网和社会招聘网站，组建就业大市场，共享岗位信息，共同开展网上就业服务；同时组织实施好特岗教师计划、大学生村官等基层项目；鼓励大学生参军入伍，鼓励毕业生到基层就业、创业；建立校企合作的对接平台，在重点区域、重大工程、重大项目、重要领域中加强人才供需的对接等。学校应创新就业服务方式，及时发布就业信息，增加招聘信息数量，指导毕业生积极参加网上招聘活动，拓展就业渠道，提供更多就业机会。

（2）加强学生就业服务保障：对于毕业考试、答辩、手续办理、离校等重点工作，通过多种渠道及时准确地通知到每一位毕业生；开通毕业生就业手续办理绿色通道，允许学生采取网络提交、在线审核和邮寄等方式办理就业手续；因疫情影响未能按时毕业的学生，可适当延长毕业期限；适当延长毕业生择业时间，对已离校暂未落实就业单位的毕业生，可将户口、档案在学校保留两年，待落实工作单位后再及时办理就业手续。

（二）研究生考试中问题与应对

今年考研受疫情影响较大，初试成绩公布较晚，复试时间也不明确，加上今年就业形势紧张，让很多考研的毕业生既要做好复试的准备，也要做好找工作准备，易对自己未来的发展充满忧虑。

1. 积极做好复试准备，常规考研复试是以采取笔试加面试的方式进行，但因疫情影响，目前采取现场大规模笔试及面试还需时间等待，也存在采用网络面试的可能性。但不管研究生复试以何种方式进行，最重要的是做好各种准备，主动联系报考学校了解复试相关信息及注意事项；做好专业知识及外语口语的准备；组织好面试的语言表达；主动提前联系报考导师，主动告知自己的简历及学术经验，增强导师对自己的印象。

2．如果成绩不理想或认为复试结果可能不稳妥，建议积极的关注相关调剂信息，尽早登录调剂系统参照调剂条件进行申请。

3．今年国家做出扩大硕士研究生招生规模的决定，已向各地区各部门下达计划总额，部分省市扩展名额已向社会公布，学生们可密切关注所报考院校扩招情况。

三、生活常见问题及应对策略

虽然目前国内已控制住疫情蔓延局势，但国际上疫情呈现暴发态势，国内输入性防控压力增大，对疫情防控仍不能掉以轻心，返校复学后同学们会遇到很多实际的问题，怎样做好疫情防控是学生们返校生活中需要面对的主要问题。

（一）返校前准备工作

1．返校前有过流行病学接触史的大学生，复学前应将自己信息主动上报，可观察 14 天期满再返校。

2．在准备返校前及时上报自己的健康信息，如实填报健康登记表，注意自己是否存在发热、干咳、乏力、胸闷、恶心呕吐、腹泻等症状。如果有请就地就医并上报学校。

3．返校前做好防疫物资储备，主要是口罩、体温计、洗手液等，确保返校途中及返校后能做好防护。

（二）返校后防控措施

1. 戴口罩　戴口罩是疫情防控期间我们生活中不可或缺的防控措施，进出教室、会议室、办公室、食堂、图书馆等公共场所和乘坐公共交通工具时应正确佩戴口罩，可以根据教学视频学习正确的戴摘口罩方法。

2. 勤洗手　洗手是预防传染性疾病最方便、最经济、最有效的方法，同学们接触公共物品后、饭前便后、咳嗽时、打喷嚏时、擤鼻涕后、运动后、接触污物后等，都应及时用肥皂或洗手液流动水洗手，当手部没有可见的污染时，可用速干消毒液消毒洗手。采用七步洗手法洗手，具体步骤可通过科普视频学习。

3. 勤通风、合理消毒　确保室内空气流畅，建议每天通风 2～3 次，每次 15～30 分钟，集体生活时，建议不要使用空调，特别是中央空调。使用合规有效的消毒剂进行合理的消毒。冠状病毒对紫外线和热敏感，56℃ 30 分钟可灭活病毒，乙醚、75% 乙醇、含氯消毒剂、过氧乙酸和氯仿等脂溶剂均可有效灭活新型冠状病毒，不建议同学们私自储藏乙醇等物品，容易引起火灾，可根据学校统一安排对环境消毒。

4. 避免人群聚集　应尽量避免外出校外活动；避免去人流密集的场所；避免到封闭、空气不流通的公共场所和人多聚集的地方。

5. 生活规律　疫情期间需养成健康的生活方式，保持良好的学习生活习惯。合理膳食，不暴饮暴食，不吸烟、喝酒。养成良好的睡眠习惯，保持规律的作息时间，避免边玩手机边睡觉，避免开灯睡觉、避免晚上不睡觉，白天补觉等行为。适当锻炼，注意学习与体育锻炼劳逸结合，提高免疫力。

6. 保持心理健康　疫情发生后对学生们生活学习带来较大影响，尤其是面临毕业和准备研究生复试的同学。面对未来的不确定感，会不可避免地感受到压力，容易产生焦虑、抑郁、失眠等心理问题。要及时地觉察并接纳自己的情绪反应，合理的疏导宣泄情绪，调整自己的认知方式，积极寻找应对的方法，保持心理健康。此外作为大学生，应有明辨是非的能力，不转发非官方的关于疫情的文章或者链接，不信谣、不传谣。

7. 做好对快递等生活用品的传递与消毒　网购是当代大学生喜欢的消费方法，疫情期间尽量选择无接触配送，如需接触配送，需做好自身防护，佩戴好口罩，对快递等物品进行及时合理消毒，对废弃物品按照生活垃圾分类要求妥善处理。

8. 遵守学校疫情防控期间管理规定　居住在校内学生无故不得离校，减少校外交往，不去人多的地方聚集，减少公共交通工具的乘坐；如有特殊情况需去异地，需向主管部门报备得到同意后方能外出，出行前规划好路线、出行方式，外出期间不要乘坐公共交通工具，尽量坐私家交通工具，并做好自身防护。居住在校外的学生，经学校审批后，报学生处、保卫处等部门备案，加强自律性，减少交往，注意自身防护。

（三）返校后学校需做防控措施

1. 做好学生健康监测　全面无遗漏摸排学生及教职工返校前2周的假期去向、健康状况。精准掌握疫情防控重点地区的教职员工、学生在学校内各院系、各年级、各班级的分布情况，可通过手机短信、社区疫情管理工具及同行查询工具查询开学前行动轨迹。要求学生如实上报是否有疫区到访、停留史及确诊或疑似病例密切接触史，上报有无发热、咳嗽、乏力等异常症状。当前可让学生在线填写信息申请返校，对学生电子健康码进行细致审核，并作为分类管理的重要参考，依据流行病学史和健康状况，确定批准返校师生名单。

2. 做好疫情防控应急预案　做好疫情防控应急预案，并进行实景演练；独立设置医学观察区，对返校前14天内曾与确诊、疑似病例或无症状感染者有密切接触史或其他特殊情况需要医学观察者进行集中隔离观察，返校前14天内曾居住或途经疫情高发区师生，校内健康观察满14天，建议行核酸检测阴性者后方可参加正常教学活动。

3. 做好防疫物资储备　应充分考虑疫情对教学、生活在较长时期内的影响，储备各类防疫和生活物资，包括手持式红外额温仪、玻璃体温计；含氯消毒液、速干手消毒剂、洗手液、紫外线灯等消杀类物品；医用口罩、防护帽、橡胶手套、隔离衣等各类型防用品。同学们普遍担心的是口罩问题，在家不经常出门，口罩日用量并不大。但是复学后，口罩日用量明显增加，同学自行购买质量不能保证，且价格也会参差不齐，学校可以集中采购保证质量和价格合理。同时还需与校内食堂、超市、便利店、商铺等经营场所加强沟通，确保生活必需品储备充足、供应有序、价格稳定。

4. 加强健康宣教　通过校报、校内广播等传播媒介加强健康宣教，引导学生及教职工学习卫生健康部门或教育部门发布的冠状病毒肺炎防控指南，并严格落实防控措施，提高卫生文明素养，如进出宿舍、教室等公共场所佩戴口；注意手卫生，避免手直接接触公共物品和部位，用洗手液和流水洗手，不用手接触口鼻眼；打喷嚏或咳嗽用纸巾或手肘衣服遮住口鼻等。

5. 加强校园管控　对校园实行封闭式管理，校外无关人员不准进入校园，师生凭电子入校通知单或个人健康码进入学校；严控出入口数量；设置学校集中隔离医学观察区和临时管制区域时，设计合理的交通路线；各种车辆按要求在指定地点停放，并定期安排区域消毒。

6. 加强对重点场所的管理　学校重点场所均应设置体温监测点，进入前需测量体温，佩戴口罩，对未戴口罩劝其戴口罩后入内；对无关人员及发现体温异常或存在咳嗽、咳痰等呼吸道症状的可疑人员禁止入内，并及时上报。

（1）教学区：所有学生及教职人员佩戴口罩，保持一定距离，尽量避免近距离接触；不串座走动，课间不打闹、不扎堆聚集。使用过的手套、纸巾、口罩以及其他废物按规定分类放置在专用垃圾袋进行处理。

（2）宿舍区：宿舍实行封闭式管理，进入宿舍区须实名验证并检测体温，疫情防控期间谢绝访客；学生在宿舍区不聚集、不串门；实行宿舍疫情日报告制度；教育学生做好个人卫生。被褥及个人衣物要定期晾晒、定期洗涤；及时清理垃圾，保持环境卫生；学生宿舍管理人员定期检查宿舍卫生状况，及时上报学生在生活区内的异常情况。

（3）餐厅：在餐厅就餐需遵守规则，饭前洗手消毒，在洗手间可以配备速干洗手液或洗手液；排队候餐保持1米以上距离；适当延长餐厅供餐时间，采取定点分时错峰供餐制；用餐人员多时，采取人流管控，尽量疏散至不同餐厅，避免扎堆就餐。鼓励自带餐具，打包食物到宿舍就餐，减少排队等候时间，降低食堂人群聚集密度。在餐厅就餐的师生，建议单独就座，餐座位间隔1米以上，避免人员聚集，减少不必要的交流谈话。

（4）图书馆：疫情防控期间，可减少图书馆进出通道；对进馆人数进行限制，增加座位间距。重新制定纸版图书借还规则和处理原则，扩大书籍、书刊借阅范围，归还书刊建议通过紫外线等方式进行消毒后再归架；增加推送电子期刊。

（5）体育场馆：疫情防控期间，暂停校内集体课外体育活动、竞赛，根据疫情防控变化调整校内竞赛计划；无特殊情况室内体育场馆和活动中心一律关闭，直至疫情防控解除；室外场地正常开放（疫情高峰期亦应限制）。

7. 做好校园内消杀工作　做好对办公场所、教室、实验室、宿舍区、餐厅等区域的消毒工作，可根据具体地点及具体情况采用适当的消毒方式；在公共区域配置洗手设施和消毒用品；对高频接触的物品如电梯按钮、门把手、水龙头等增加消毒频次；严格按规定处理垃圾，设置废弃口罩专用垃圾桶，对使用过的口罩进行集中消毒处理；消毒场所后注意开窗通风。

8. 做好垃圾与废弃物处理　严格落实垃圾收运消杀，做到日产日清。垃圾回收车及垃圾外运车每次进站、出站时进行消杀，对校内垃圾站、垃圾箱及废弃口罩容器每日消杀；规范处置废弃口罩，在校内重要路段、人流密集等地段增设贴有“废弃口罩专用”字样标识的带盖收集容器，并内设一次性塑料袋，避免废弃口罩与容器直接接触；每天使用含氯消毒剂对收集容器进行消毒处理两次。

9. 暂停各类聚集性会议和校园文化活动　调整举办方

式和时间，创新会议形式，充分发挥腾讯视频会议、校园学习通、钉钉等网络交流工具的会议功能，开展多种形式的网络教育课程或线上展示交流活动，确需开展活动的使用前需按规定申请审批，尽量选择空旷的场地，需在密闭空间内举行活动，存在近距离接触的可能的，需正确佩戴医用外科口罩，尽量缩小活动范围，减少活动时间。

四、情感常见问题及应对策略

对大学生来说疫情让这个寒假显得格外漫长，很容易出现各类情感问题；复学后同学们会迫不及待地想团聚诉说衷肠；对毕业生来说返校复学就意味着结束大学时光，既有不舍也会有对未来不确定感引发的担心，尤其是对部分毕业生情侣来说还会遇到怎样维持爱情的问题；还有的大学生亲人不幸在疫情期间过世，复学后仍未从哀伤中走出来。

（一）复学后同学们如何更好地相聚

复学后，同学们好久不见，有时有聚餐的想法，如若有人提出聚餐，同学们可能会有顾虑，如果拒绝显得自己不合群，可能会影响和同学之间的感情，但疫情防控仍是目前重中之重，建议避免不必要的聚集活动，尤其是在密闭的空间聚集。用其他的方式来联络感情，如在网络上视频沟通，在做好防护前提下，在空气流通的场所互相交流。

（二）复学后毕业生情侣间感情的维护

对许多即将毕业的大学生情侣来说，不仅仅要面临对工作选择，也面临对感情取舍的选择。有的继续共同读书深造，有的选择在一起工作共同面对未来生活。毕业生情侣间感情的取舍与维护是毕业生面对的问题。但毕业并非便意味着分手，对感情的取舍与维护只是即将踏入社会后面对抉择考验的开始。选择到底应该怎样还是要遵循自己的内心，以及两个人的决心是否坚定。

（三）做好学生心理安抚工作

在疫情防控期间，容易引发学生应激反应，尤其是面临毕业的学生，容易出现失眠、焦虑、抑郁等情绪，应调动各方面资源，充分利用学校心理咨询中心、心理援助热线等资源，加强心理健康宣教提升应对压力的能力，及时发现疏导学生们的不良情绪。尤其要关爱从疫区过来的学生，若家中亲人过世，可安排专门心理人员进行哀伤辅导，增强心理支持关爱，引导同学们相互关爱，避免带有歧视性的言语和行为。

（四）大学生如何走出亲人过世后的哀伤

生离死别是每个人不得不面对的问题。疫情肆虐，疫情下的丧亲更是痛彻心扉，因为亲人离开得太快；因为无法见最后一面；因为无法及时哀悼；因为悲伤的同时还需要担心自身的安危，面对亲人的离世，大学生可能会感觉到自己生命里、情感世界中某个珍贵的东西崩塌了，很难去接受，甚至不敢相信，如同做梦一般；可能会表现出麻木、悲伤、愤怒、孤独、无助，还会有愧疚自责；可能还会出现哭泣、回避退缩、唉声叹气；以及食欲低下、睡眠差、躯体不适等反应。这个时候怎样才能不被哀伤击垮？建议分五步步骤：

1. 接受死亡发生的事实，完成告别仪式　疫情期间可灵活采用线上公墓等在线方式，及时对逝者进行道歉、道谢、道爱、道别。疫情结束后，可实地祭奠。

2. 接纳自己的哀伤反应　没有情绪，人类将会像机器人一样。哪怕是“悲伤”。接纳你的情绪，表达你的感受，你可以把悲伤好好释放出来，痛快哭一场或者其他方式表达情绪。

3. 激活周围的支持系统　不要独自承受痛苦，如果周围能有家人、朋友、同事等来陪伴、倾听、支持我们，我们的哀伤情绪可能能获得充分的宣泄。

4. 面向未来　风雨过后总会天晴，悲伤过后总会快乐。选择适当的方式追忆逝者，让悲伤帮助我们获得力量，在痛苦中崛起。

5. 学习区分病理性哀伤反应，必要时及时求助专业人员

如果哀伤反应持续时间、痛苦程度、对生活的影响超出一定

范围，或者出现了自伤自杀的念头或行为，就需要求助专业人士了。本次疫情带来的丧亲常是家庭聚集性、突发性的，对丧亲者的冲击性更大，容易出现病理性哀伤。有亲人去世的大学生需要不定期自我评估并及时求助专业人士。

（潘　苗　张三强　张蒙蒙）

参考文献

［1］ 刘一玮. 大学生心理变化的新特点及教育策略分析. 智库时代，2018（44）：280-281.

［2］ 樊富珉. 当代大学生心理健康教程. 武汉：武汉大学出版社，2014.

［3］ 李进宏. 当代大学生心理解读. 武汉：武汉理工大学出版社，2003.

［4］ 吴鲁平. 中国当代大学生问题报告. 南京：江苏人民出版社，2003.

［5］ 葛操. 当代大学生心理分析. 北京：工商出版社，2002.

［6］ 马辛. 新型冠状病毒感染的肺炎公众心理自助与疏导指南. 北京：人民卫生出版社，2020.

［7］ 王长虹，张瑞岭，宋景贵. 新型冠状病毒肺炎心理援助热线服务实例及应对手册. 北京：中华医学电子音像出版社，2020.

［8］ 张明园，何燕玲. 精神科评定量表手册. 长沙：湖南科学技术出版社，2015.

［9］ 赵旭东，刘中民. 抗疫安心—大疫心理自助救援全民读本. 上海：上海科学技术出版社，2020.

［10］ 周旺，王强，胡克. 新型冠状病毒肺炎预防手册. 武汉：湖北科学技术出版社，2020.

［11］ 陆林，王高华. 新型冠状病毒肺炎全民心理健康实例手册. 北京：北京大学医学出版社，2020.

［12］ 陈翔. 胡志斌. 高等学校新型冠状病毒肺炎防控指南. 北京：人民卫生出版社，2020.

附录一　全国免费心理热线电话

全国心理援助热线一览表

省份	热线名称	电话号码	开通时段
北京	北京市心理援助热线	010-82951332 800-810-1117	24 小时
天津	天津市心理援助热线	022-88188858	24 小时
河北	河北省心理援助热线	0312-96312	24 小时
山西	山西省心理援助热线	0351-8726199	24 小时
	山西运城市心理援助热线	0359-5553999	8：30—12：00，14：30—17：30（周一至周五） 8：30-12：00（周六）
内蒙古	呼伦贝尔市心理援助热线	0470-7373777	24 小时
	内蒙古自治区心理援助热线	0471-12320-5	24 小时
辽宁	大连市心理援助热线	0411-84689595	24 小时
	抚顺市心理援助热线	024-57520521	12：00—16：00

（待　续）

（续 表）

省份	热线名称	电话号码	开通时段
辽宁	辽宁省阜新市心理援助热线	0418-3780123	8：30—11：30，13：00—16：30
	锦州市心理援助热线	0416-3215120	8：00—15：30
	沈阳市心理援助热线	024-23813000	24 小时
	辽宁省心理援助热线	024-73835706 024-12320-3	8：00—17：00
	辽宁营口市心理援助热线	04173263003 04173263113	8：30—11：30，13：30—16：30
吉林	长春市心理援助热线	0431-89685000 0431-89685333 0431-12320-6	24 小时
	吉林省神经精神病医院心理援助热线	0434-5079512 0434-5079510	8：00—22：00
	辽源市心理危机援助热线	0437-6996888	8：00—11：30，13：00—16：00（周日不开通；周三，周六上午开通，其他日子全天）
黑龙江	大庆市心理援助热线	0459-12320	24 小时
	哈尔滨市心理援助热线	0451-82480130	9：00 至次日 1：00
	齐齐哈尔市心理援助热线	0452-2739122 0452-2736734	8：00—17：00（周一至周五）

（待 续）

（续　表）

省份	热线名称	电话号码	开通时段
上海	上海市心理援助热线	021-12320-5	8：00-22：00（周一、周三、周五、周日）24 小时（周二、周四、周六）
江苏	苏州市心理援助热线	0512-12320-4 0512-65791001	24 小时
	徐州市心理援助热线	0516-12320-6 0516-83447120 15950665120	24 小时
	无锡市红十字心理援助热线	0510-88000999	24 小时
浙江	杭州市心理援助热线	0571-85029595	24 小时
安徽	合肥市心理援助热线	0551-63666903	24 小时
福建	福建省心理援助热线	0591-85666661	24 小时
	泉州市心理援助热线	0595-27550809 18159526768	8：30—12：00 13：30—21：00
	厦门心理援助热线	0592-5395159	24 小时
江西	九江市心理援助热线	0792-8338111	8：00—22：00
	赣州市心理援助热线	0797-8155180	24 小时
山东	潍坊市心理援助热线	0536-6231120	24 小时

（待　续）

（续　表）

省份	热线名称	电话号码	开通时段
山东	枣庄市心理援助热线	0632-8076100	24 小时
	临沂市心理援助热线	4001539120	24 小时
	青岛市心理援助热线	0532-85669120	24 小时
河南	河南省心理援助热线	0373-7095888	24 小时
	开封市心理援助热线	0371-23921120 4001-096-096	09：00—17：00
	漯河市心理援助热线	0395-3701120	24 小时
湖北	武汉市心理医院“心心语”心理热线	027-85844666	9：00—21：00
湖南	常德市心理援助热线	0736-7870909	24 小时
广东	东莞市心理咨询求助热线	0769-22113311	8：30—23：30
	广州市心理援助热线	020-81899120 020-12320-5	24 小时
	深圳市心理援助热线	0755-25629459	7：00—23：00
	中山市心理援助热线	0760-88884120	24 小时

（待　续）

（续　表）

省份	热线名称	电话号码	开通时段
广东	佛山市心理援助热线	075782667888	24 小时
	江门市心理援助热线	0750-3125678	24 小时
广西	广西心理援助热线	0772-3136120	8：00—22：00
	南宁心理援助热线	0771-3290001	8：00—22：00
海南	海南省心理援助热线	96363	8：00 至 12：00，14：30 至 17：30 （节假日不开通）
重庆	重庆市心理援助热线	023-12320-1	24 小时
四川	阳光心理热线	0816-2268885	24 小时
云南	昆明市心理援助热线	0871-5011111 0871-12320-5	24 小时
	云南省保山市心理援助热线	0875-2130595	8：00—17：30
陕西	汉中市心理援助热线	4008096341	8：00—11：30； 13：00—16：00
	西安市心理援助热线	4008960960	10：00-18：00；20：00—24：00
甘肃	兰州心理援助热线	0931-4638858 0931-12320-5-1	8：00—22：00

（待　续）

（续　表）

省份	热线名称	电话号码	开通时段
甘肃	天水市心理援助热线	0938-8221199 或 0931-12320-5-2	24 小时
青海	青海省心理援助热线	0971-8140371 18997267291	24 小时
宁夏	宁夏心理援助热线	0951-2160707	24 小时
新疆	新疆石河子市心理援助热线	0993-2851261	10：30—13：30；16：00—19：30

附录二　河南省免费心理热线电话

河南省免费心理援助热线一览表

地区	热线电话号码及承办单位	心理援助热线服务时间
新乡市	0373-7095888（河南省精神病医院） 0373-7720021/0373-7718510（新乡市精神病医院） 0373-2022011/18614983879（新乡市社会心理服务工作中心） 12355（新乡市未成年人心理健康辅导中心） 0373-6989369/13569873684（辉县益民精神病医院）	24 小时 24 小时 /24 小时 24 小时 /8：00—18：00 8：00—21：00 24 小时
郑州市	0371-58678856（河南省心理咨询师协会） 0371-55622625（郑州市第八人民医院） 0371-58678111（郑州心理援助热线） 0371-58678280/0371-58678311（郑州市第九人民医院）	24 小时 24 小时 24 小时 8：00—12：00
开封市	4001-096-096（开封市第五人民医院） 0371-26979667（兰考县中心医院）	24 小时 24 小时
平顶山市	0375-6166125/0375-6166135（平顶山市第六人民医院）	8：00—17：00

（待　续）

（续 表）

地区	热线电话号码及承办单位	心理援助热线服务时间
安阳市	0372-3318000（安阳市七院）	24 小时
焦作市	0391-3698120/0391-2618120（焦作市精神病院） 0391-3897120（焦作市第四人民医院）	24 小时 24 小时
许昌市	0374-3361021/18539062538（许昌市建安医院）	08：00-12：00/24 小时
漯河市	0395-3701120（漯河市精神病专科医院） 0395-3335120（漯河市精神病医院）	24 小时 24 小时
南阳市	0377-12355（南阳精神卫生中心） 13838704779/18638464818（邓州市第三人民医院）	24 小时 24 小时
信阳市	0376-6526355(信阳市第六人民医院）	8：00—17：30
周口市	0394-8368120(周口市第六人民医院） 13603874253（鹿邑县中医院） 13949994008（鹿邑县人民医院）	24 小时 24 小时 24 小时
驻马店市	0396-2923456(驻马店市精神病医院） 12345（市政府热线）	24 小时 24 小时
濮阳市	0393—6188620（濮阳市精神卫生中心）	8：00-18：00
鹤壁市	17639209120/17639269120（鹤壁市人民医院）	24 小时
三门峡市	0398-2166762/0398-2182001（三门峡市康复医院）	24 小时
商丘市	0370-5078919(商丘市第二人民医院）	周一至周五 8：00—12：00、14：00—17：00
济源市	12345 市长热线（济源示范区管委会）	08：00—20：00